H. P. Hahn
Technische Dokumentation leichtgemacht

H. P. Hahn

Technische Dokumentation leichtgemacht

Mit 66 Abbildungen

Carl Hanser Verlag München Wien

Die Deutsche Bibliothek – CIP-Einheitsaufnahme

Hahn, Hans Peter:
Technische Dokumentation leichtgemacht / H. P. Hahn –
München; Wien: Hanser, 1996
ISBN 3-446-18178-4

Umschlagentwurf: Susanne Kraus, München
Gesamtherstellung: Druckerei Sommer GmbH, Feuchtwangen
Printed in Germany

Für Karen

Dank

Ein Fachbuch gewinnt immer, wenn sich kompetente Leute mit der Lektüre der ersten Fassung plagen.
Dann kann der Autor nicht nur kritische Anmerkungen umsetzen, sondern auch auf wertvolle Quellen und Veröffentlichungen zurückgreifen, die ihm sonst entgangen wären.
In dieser glücklichen Lage war auch ich. Deshalb danke ich allen *Vorlesern* sehr herzlich.
Gleichzeitig bitte ich um Nachsicht, wenn ich die eine oder andere Anregung aus Besserwisserei oder Überzeugung nicht genutzt habe.

Berlin im März 1996 H. P. Hahn

Einstein für Technikautoren

„Das Erkennen eines Problems ist meist wichtiger als seine Lösung, die lediglich von dem mathematischen oder experimentellen Geschick abhängen dürfte. Neue Fragen zu stellen, neue Möglichkeiten zu eröffnen, alte Probleme aus einem neuen Blickwinkel zu sehen, erfordert schöpferische Vorstellungskraft und bedeutet wirklichen Fortschritt in der Wissenschaft."

Albert Einstein

Inhaltsverzeichnis

Abbildungsverzeichnis

Kurz-Biographie

H. P. Hahn, Jahrgang 1940, lebt in Berlin.

Industriekaufmann Maschinenbau, Fachhochschule für Wirtschaftswerbung, betriebswirtschaftliches Studium, Leitende Positionen bei Großunternehmen der Metallindustrie und der Chemischen Industrie in Deutschland, Griechenland, Saudi-Arabien, USA. 1985–1989 Mitarbeit im Arbeitskreis Betriebsanleitungen im Deutschen Normenausschuß.

Selbständig als Unternehmensberater, Dozent und Freier Sachverständiger für Produktsicherheit und Technische Dokumentation. Langjährige Erfahrung in der Erwachsenen-Bildung, Referent bei Industrie- und Handelskammern. Seit 1974 zahlreiche Fachveröffentlichungen zum Thema Marketing und Organisation, seit 1991 mit Schwerpunkt zum EU-Markt und Technische Dokumentation.

Hobbys: Hochseesegeln, Tauchen.

Eine Vorbemerkung

Dieses Buch nutzt jedem, der Betriebsanleitungen erstellen will oder an der Technischen Dokumentation interessiert ist. Vorkenntnisse als Technikautor sind nicht erforderlich.
Technische Dokumentation leichtgemacht bedeutet, daß hier Kenntnisse und Fertigkeiten vermittelt werden, die dem Beginner zum leichten Einstieg und schnellen Erfolg verhelfen. Aber auch wer in diesem Beruf schon tätig ist, wird von der reichen Erfahrung des Autors profitieren.
Das Buch vermittelt das Grundwissen und Hintergrundinformationen zu den wichtigsten Bereichen der Technischen Dokumentation.
So finden Sie Grundsätzliches zu den gesetzlichen Instruktionspflichten des Herstellers ebenso wie Aktuelles aus der Rechtsprechung zur Produkthaftung. Vor diesem Hintergrund ist die umfassende Checkliste zum Erstellen und Prüfen von Betriebsanleitungen sehr hilfreich.
Zahlreiche Beispiele, praktische Übungen und viele Abbildungen verbinden die notwendigen theoretischen Fakten mit den Anforderungen der Praxis. Und immer wieder finden Sie Anwendungsbeispiele auf EG-Richtlinien, ohne die ein freier Warenverkehr in Europa heute nicht mehr denkbar ist.

Benutzerhinweise

Dieses Buch richtet sich an TechnikautorInnen und Technikautoren. Die Kolleginnen sind also ebenso gemeint, auch wenn ich ab jetzt nur Technikautoren anspreche.

Zur Klärung der Begriffe:
Mit Technischer Dokumentation sind alle Dokumente gemeint, die von der Entwicklung bis zur Entsorgung eines Produkts erstellt werden.
Der durchgehende Begriff in diesem Buch ist *Betriebsanleitung*, auch wenn einige Gesetze und Normen von Gebrauchsanleitung, Bedienungsanleitung oder Benutzerinformation sprechen (ausgenommen von dieser Regel sind Zitate). Wichtig ist nur, daß das Ergebnis stimmt: Der Anwender muß instruiert und vor Schaden bewahrt werden. Ebenso der Hersteller.
Das Erstellen einer Betriebsanleitung mit den vielen Einzelaktivitäten bezeichne ich mit dem Oberbegriff *Projekt*.
Unsere Zielperson heißt *Anwender*, auch wenn Bediener, Benutzer oder Kunde genauso richtig wäre.
Vor jedem Hauptkapitel finden Sie immer dann eine kurze Inhaltsangabe, wenn dies dem schnelleren Gesamtverständnis dient. Ebenso fasse ich nach besonders komplexen Kapiteln das Wichtigste zusammen.
Dies ist ein Workbook im besten Sinne. Immer wieder werden Sie Übungsaufgaben finden. Arbeitsanleitungen erklären diese Übungen genau. Meine Lösungen im Anhang sind Empfehlungen. Musterlösungen gibt es nämlich nicht.
Ich habe keine Spezialthemen oder bevorzugte Produkte. Das hat für Sie den Vorteil, daß in diesem Buch nicht immer wieder dieselben Beispiele erscheinen.

Bevor Sie beginnen: Verschaffen Sie sich einen Überblick (wer sagt, daß Sie bei Kapitel 1 anfangen müssen?).

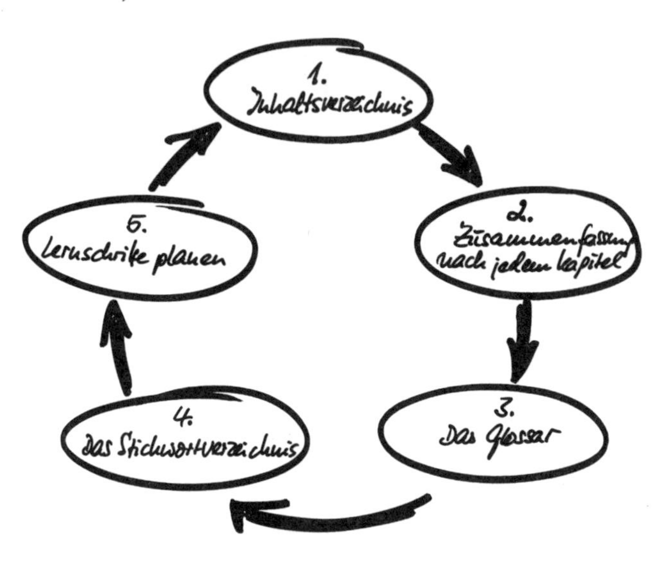

Das ist die erste Verfahrensanweisung

Sehen Sie zuerst ins Inhaltsverzeichnis und dann in die Hauptkapitel. Werfen Sie einen Blick in das Glossar und in das Stichwortverzeichnis. So können Sie Ihre Lernschritte selbst planen. Wenn Sie später mit einem bestimmten Kapitel arbeiten, dann erkennen Sie sofort, in welcher Beziehung dieses Kapitel zu den anderen steht.
Und noch etwas: Lesen Sie dieses Buch mit dem Bleistift. Das sollten Sie übrigens mit allen Fachbüchern tun. Ergänzen Sie meine Randtexte durch eigene Notizen.
Und nun frisch ans Werk – ein hochinteressantes Fachgebiet wartet darauf, von Ihnen (neu) entdeckt zu werden. Viel Erfolg dabei!

H. P. Hahn

Typografisches, Abkürzungen und Piktogramme

In *kursiver Schrift* stehen Wörter und Sätze dann, wenn dadurch ihre Bedeutung hervorgehoben werden soll.

Manchen Fachbegriffen ist ein → vorangestellt. Diese werden im → Glossar erklärt.

Folgende Abkürzungen kommen vor:

BGB	Bürgerliches Gesetzbuch
BGH	Bundesgerichtshof
EU	Europäische Union
GSG	Gerätesicherheits-Gesetz
GSGV	Verordnung zum GSG
ProdHaftG	Produkthaftungs-Gesetz
s	Sekunde(n)
U/min	Umdrehungen pro Minute
[...]	Auslassung von Text

Auf zitierte Literatur und Quellen verweise ich mit [*1*]. Verfasser, Titel und Verlag dieser Werke finden Sie im Kapitel 6.6, ab Seite 218.

Das sind Hinweise, bei denen sich das Merken lohnt.

Der Verweispfeil am Textrand sagt eiligen Lesern: Dieser Text kann erstmal übersprungen werden. Lesen Sie einfach an der Stelle weiter, die der Verweispfeil angibt.

Kapitel 1.1
Seite 19

✍ *Arbeitsanleitung*

An dieser Stelle beginnt immer eine kleine Übung zu dem bisher Gesagten. Hier können Sie prüfen, ob ich Ihnen den Lernstoff richtig vermittelt habe. Die Übungen habe ich so gewählt, daß Sie die Aufgabe aufgrund des bisher Gesagten oder Ihres Vorwissens lösen können.

✍ *Textvorschlag*

Im Kapitel 6.1 finden Sie zu den Übungen einige Lösungen, die ich für geeignet halte. Ihre Lösung muß aber nicht mit diesen übereinstimmen, wenn Sie das Instruktionsziel auf andere Weise erreicht haben.

Wenn Sie Fragen oder Anmerkungen zu diesem Buch haben, dann benutzen Sie einfach das Mitteilungsblatt auf Seite 230. Nennen Sie bitte immer das Kapitel, die Seitenzahl oder die Nummer der Abbildung, auf die sich Ihre Mitteilung bezieht.

1 Das Rüstzeug

In diesem Kapitel lesen Sie einiges über die wesentlichen Voraussetzungen für einen erfolgreichen Technikautor. Mit einem kleinen Test werden Sie schnell herausfinden, ob Sie das sein können.

1.1 Was ein Technikautor mitbringen muß

Viel ist es nicht, was ein Technikautor mitbringen muß. Aber wichtig und entscheidend ist:

- erstens das Einfühlungsvermögen (auch bekannt als *Feeling*) für die Zielgruppe
- zweitens die Fähigkeit *vorauszudenken*, d.h. er muß mögliche Probleme bereits erkennen, bevor diese auftreten und
- drittens die Gabe, exakt das zu beschreiben, was er meint.

Alles andere kann er dazulernen; das *muß* er sogar dazulernen. Und das ist nicht wenig, wie wir auf den folgenden 183 Seiten sehen werden!
Doch nun zu den beiden wichtigsten Voraussetzungen.
Das Einfühlungsvermögen für den Anwender fordert vom Technikautor, sich in die → Zielgruppe so gut hineinzudenken, als gehöre er ihr selbst an. Nur daraus entsteht das Feeling dafür, wie Instruktionen aussehen müssen, die auch ankommen. Das war bei den alten Preußen schon bekannt, wie Abb. 1 zeigt. Eine Betriebsanleitung für eine unbestimmte Zielgruppe ist ebenso gut wie die Übersetzung eines Textes in eine unbestimmte Sprache – versuchen Sie das mal.

36

eine Spanne von der Mündung in
einer Linie mit dem Gewehr gerade
in die Höhe. Der Daumen wird gegen die Klinge, und der kleine Finger
oberwerts der Kerbe vom Bajonet
gehalten.

No. 37. Das Bajonet auf den
Lauff!

4. Tempos.

1. Man stecket auf einmahl das Bajonet
auf den Lauff, wobey der rechte Ellenbogen hoch gehalten wird.
2. Man drehet das Bajonet lincks um,
wobey der rechte Ellenbogen mit einem starcken Mouvement herunter
gerissen wird.
3. Man schläget starck und zugleich mit
der rechten Hand an das Gewehr
unterwerts der Dülle vom Bajonet.
4. Man stosset das Gewehr vom Leibe,
und bringet im Abstossen die lincke
Hand bis an die Pfann-Feder herunter; Alsdenn das Gewehr gehalten wird, wie schon erwehnet.

No. 38.

Abb. 1: Aus einem Officiers-Reglement von 1726

Wenn Ihnen bei der Fähigkeit des *Vorausdenkens* etwa *Spürnase* oder *Detektiv* einfällt, dann liegen Sie richtig: Ein Technikautor muß eine Antenne für das Wesentliche haben. Er muß recherchieren und interviewen können. Und wenn er das Unausgesprochene und Undefinierte zu erkennen vermag, dann hat er auch das sichere Gefühl für das *Was-wäre-wenn*!

Das wichtigste Werkzeug des Technikautors ist die Sprache. Nur wenn er die beherrscht, kann er sich *so* mitteilen, daß er auch richtig verstanden wird. Zu den Feinheiten, die für Betriebsanleitungen wichtig sind, kommen wir noch.

1.2 Eine kleine Testaufgabe, ob er „es" hat

Ein Technikautor muß technische Zusammenhänge so beschreiben können, daß der Anwender sie versteht. Ein kleiner Test soll hier deutlich machen, was ich meine. Nehmen wir an, Sie müssen in einer Betriebsanleitung erklären, wie ein Elektromotor funktioniert – also eine *Funktionsbeschreibung* ist gefragt.

Haben Sie das gewisse Etwas eines guten Technikautors?

Apropos Elektromotor – selbstverständlich wissen Sie, daß die stromdurchflossene Spule eines Ankers ein Magnetfeld ausbildet. So entsteht die Wechselwirkung zwischen den Polen des Permanentmagneten und denen des Ankers; der Anker dreht sich, und so weiter.
Also frisch ans Werk – wie eine mögliche Lösung aussehen könnte, werden wir auf der nächsten Seite erörtern. Wenn Sie dort einfach nachsehen, bevor Sie nicht mindestens 2 Textversionen geschrieben haben, dann sind Sie selbst schuld!

So, ist Ihr Übungstext etwa schon fertig? Aber sicherlich haben Sie nicht sofort mit dem Schreiben begonnen, weil Ihnen ja die wichtigste Information bisher fehlte: welche Zielgruppe soll diesen Text verstehen?

Für welche Zielgruppe haben Sie sich entschieden?

Wenn Sie sich über Ihre Zielgruppe Gedanken gemacht haben, dann sollte auch als erste Zeile über Ihrem Text stehen: „Diese Funktionsbeschreibung richtet sich an Personen, die geringe elektrotechnische Grundkenntnisse haben." Oder: „. . .an Personen, die gute elektrotechnische Grundkenntnisse haben."
Wenn diese Zeile fehlt, dann schreiben Sie doch bitte jetzt als Überschrift über jede der beiden Lösungen, für welche Zielgruppe Ihr Text bestimmt ist. Wozu das? Ganz einfach: die Personen Ihrer Zielgruppe müssen sich angesprochen fühlen. Die Leute müssen merken, daß sie gemeint sind. Wenn Sie jetzt ins Grübeln kommen, dann sollten Sie noch-

mals auf Seite 19 nachlesen, was ich dort über Zielgruppen gesagt habe.
Die beiden folgenden Beispiele werden Ihnen zeigen, welch völlig verschiedene Texte der gleiche Sachverhalt für unterschiedliche Zielgruppen erfordert.
Die Zielgruppe 1 (angenommen „Otto Normalverbraucher") würde den folgenden Text zweifellos verstehen:

Text 1:

Der Elektromotor.

Die wichtigsten Bauteile des Elektromotors sind der Stator, der Rotor und die Stromleitungen. Der Stator ist mit Draht bewickelt und bildet den feststehenden Teil des Elektromotors. Der Rotor ist der drehende Teil des Elektromotors; er ist ebenfalls mit Draht bewickelt. Der Rotor ist auf einer Welle befestigt, damit er sich drehen kann. Über die Stromleitungen fließt der Strom zu den Stator- und Rotorwicklungen. In der Rotorwicklung und in der Statorwicklung entstehen Magnetfelder mit jeweils einem Nord- und Südpol. Wenn sich die Pole der Rotor- und Statorwicklung gegenüberstehen, dann bilden sich magnetische Kräfte. Weil gleiche Pole sich abstoßen und ungleiche Pole sich anziehen, dreht sich der Rotor so weit, bis der Nordpol des Rotors dem Südpol des Stators gegenübersteht. Dann wird die Flußrichtung des Stroms im Rotor umgedreht. Jetzt ändern sich auch die Pole im Rotor, und dadurch kann er sich weiter drehen. [2]

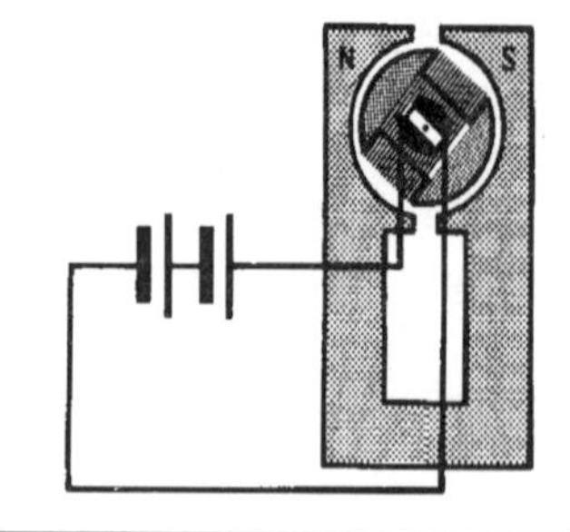

Sie haben es sicher sofort gemerkt: dieser Text erfordert wenig Vorkenntnisse und ist zusammen mit der Abbildung für unsere Zielgruppe 1 immerhin verständlich. Ein Vorteil ist dabei, daß der Nordpol (N) und der Südpol (S) gekennzeichnet sind. Auch der Rotor und die Spule sind aus dem Zusammenhang mit dem Text noch zu identifizieren. Aber die Flußrichtung des Stroms in den Leitungen kann der Laie hier nur erahnen. (Das Problem eindeutiger Funktionsbeschreibungen wird uns im Kapitel 3.1.7.3, Seite 85 noch beschäftigen.)

Text 2:

Der elektrische Generator.

Eine einfache rechteckige Leiterschleife befindet sich in einem homogenen Magnetfeld. Wenn die Schleife um die eingezeichnete Achse gedreht wird, erscheint eine Spannung an den Enden P_1 und P_2. Diese Spannung ändert ihre Polarität mit der Rotationsfrequenz der Schleife. [...] Wenn die rechteckige Schleife von Hand oder durch sonstige mechanische Kräfte gedreht wird, haben wir einen elektrischen Generator. Wird statt dessen ein Strom von außen durch die Schleife geschickt, so entsteht ein Drehmoment. Wenn der Strom durch die Schleife von P_1 nach P_2 fließt, hat das Drehmoment das Bestreben, die Spule im Uhrzeigersinn zu drehen [...]. [3]

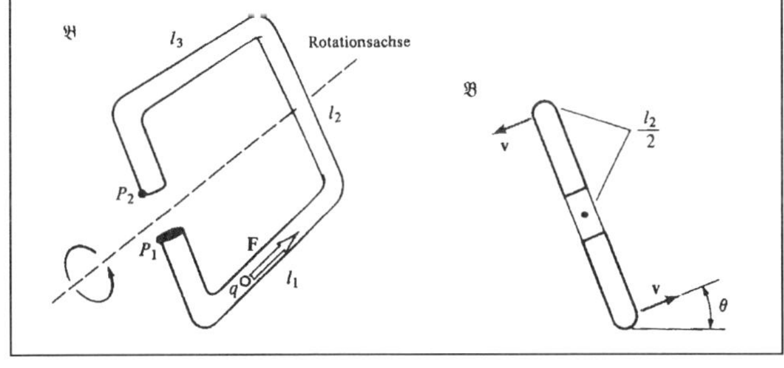

Der Text 2 ist etwas anspruchsvoller. Er setzt nicht nur erheblich mehr Vorwissen voraus – auch die Sprache ist eine ganz andere. Jedoch hätte die Zielgruppe 2 (angenommen „Elektroingenieure") mit dieser Lösung sicherlich keine Probleme:
Bei diesem Text erkennen Sie sofort, daß das didaktische Konzept im Vergleich zum ersten Text ganz anderen Regeln folgt. Hier stellt der Schreiber ein physikalisches Gesetz und eine davon abgeleitete Anwendung heraus: Es geht um die elektromagnetische Induktion; der Gleichstromgenerator und der Gleichstrommotor sind vom Prinzip her identisch.
Dieses Beispiel macht auch deutlich: wenn Sie den Text 1 einer Person der Zielgruppe 2 anbieten, dann wäre diese eher gelangweilt.
Müßte sich jedoch Otto Normalverbraucher aus der Zielgruppe 1 durch den Text 2 informieren, dann wäre er vermutlich überfordert.

Bereits hier entscheidet sich das Schicksal einer Betriebsanleitung

Das Ergebnis wäre in beiden Fällen das gleiche: die Betriebsanleitung würde nicht gelesen werden.
Sie sehen also: die Zielgruppenbestimmung ist unverzichtbar. Mit dieser grundsätzlichen Festlegung stellen Sie eine entscheidende Weiche, ob die Betriebsanleitung verstanden wird, oder nicht (mehr dazu im Kapitel 3.1.2, Seite 56).

<u>*Das Wichtigste aus Kapitel 1*</u>

- Intuition ist wichtiger als Universalwissen.
- Anwender folgen leichten Lernprozessen am liebsten.
- Der Technikautor muß Einfühlungsvermögen für die jeweilige Zielgruppe entwickeln.
- Verständlichkeit setzt voraus: Die Zielgruppe exakt bestimmen und vom Anfang bis zum Ende der Betriebsanleitung berücksichtigen.

2 Die Grundausstattung

> In diesem Kapitel erfahren Sie mehr über die Grundausstattung des Technikautors.
> Zu Ihrem Erstaunen ist Ihnen bereits aufgefallen, daß ich die Voraussetzungen für diesen Job nicht nach Bildschirmgröße, Prozessor und Software definiere. Auch wenn das im Computer-Zeitalter oft so verstanden wird. Ob das eine der Ursachen dafür ist, warum nicht mehr gute Schreiber den Beruf des Technikautors wagen?[1]

2.1 Das Grundwissen

2.1.1 Fünf Minuten Gesetzeskunde

Kapitel 2.2
Seite 39

Der Gesetzgeber hat konkrete Aussagen zur Technischen Dokumentation, genauer: Zur Betriebsanleitung, erst nach und nach in den letzten 30 Jahren gemacht. Bestehende Vorschriften, die diesen Aspekt am Rande berührten, haben auf den Themenbereich dadurch an Einfluß gewonnen, daß der Verbraucherschutz immer mehr ins Bewußtsein der zuständigen Stellen rückte. Auch durch die Rechtsprechung wurden dazu entscheidende Grundsätze festgelegt.
In diesem Kapitel gebe ich nur einen kurzen Überblick über Rechtsvorschriften, die auf die Instruktionspflichten des Herstellers Bezug nehmen. Der klassische Schadensersatzanspruch wurde seit dem Jahr 1900 nach den §§ 823 – 853 BGB entschieden. Diese werden auch weiterhin angewandt, wenn es

[1] *Fachschulen und Fernlehrgänge bieten entsprechende Ausbildungsmöglichkeiten (siehe Kapitel 6.5, ab Seite 216).*

um die *deliktische Produkthaftung* geht. Danach haftet, wer anderen *schuldhaft* durch einen Produktfehler, durch unerlaubte Handlung oder durch Nichterfüllung seiner Sorgfaltspflichten einen Schaden zufügt.

Haftung des Herstellers auch ohne Verschulden möglich

Ganz anders das Produkthaftungs-Gesetz, das seit 1.1.1990 gilt. Es hat seinen Ursprung in einer EG-Richtlinie aus dem Jahre 1985. Danach haftet der Hersteller *auch ohne Verschulden*, wenn dem Anwender seines Produkts ein Schaden entsteht. Deshalb sprechen wir von der *verschuldensunabhängigen Produkthaftung*. Das Produkthaftungs-Gesetz erwähnt die Betriebsanleitung nicht ausdrücklich, weist aber ausdrücklich auf die *Sicherheit durch die Darbietung* hin. Dies wird allgemein als Anforderung an die Betriebsanleitung verstanden.

Das Produkthaftungs-Gesetz greift dann, wenn es um Schäden durch überwiegend privat genutzte Produkte geht. Bei Schäden durch überwiegend gewerblich genutzte Produkte wird nach wie vor das *deliktische Produkthaftungsrecht* angewandt.

Der möglichen Instruktionshaftung mit Sachverstand und Sorgfalt begegnen

Für den Technikautor ist es wichtig zu wissen, daß auch fehlerfreie Produkte zu Schadensansprüchen führen können. Nämlich dann, wenn der Anwender aufgrund einer mißverständlichen Instruktion das Produkt falsch oder bestimmungswidrig gebraucht. Auch unterlassene oder verniedlichte Sicherheitshinweise mit Schadensfolgen fallen darunter. Ebenso wie ungenügende Warnungen vor den → Restrisiken eines Produkts. Dadurch kann eine sogenannte Instruktionshaftung begründet werden. [*4*]

Wer ein Produkt in Verkehr bringt, hat noch weitere Sorgfaltspflichten zu erfüllen. Dazu gehört auch die → *Produktbeobachtung*. Der Hersteller ist nämlich verpflichtet, sein Produkt auch nach dem → Inverkehrbringen weiter zu beobachten. Wenn danach Produktfehler erkennbar werden, dann muß der Hersteller diese Fehler beseitigen, vor den Folgen warnen oder das Produkt aus dem Verkehr ziehen. Diese Verpflichtung gilt auch dann, wenn das Produkt oder Teile davon entsprechend einer DIN-Norm gefertigt wurden[2]. Wenn das fehlerhafte Produkt ein → GS-Zeichen trägt, dann ist die weitere Verwendung des GS-Zeichens an diesem Produkt nicht länger zulässig. [5]

Die 9. GSGV ist harmonisiertes Recht und gilt identisch in der gesamten EU

Das Gerätesicherheits-Gesetz und die dazu erlassenen Verordnungen enthalten Bestimmungen zur Benutzerinformation. Insbesondere die 9. Verordnung (Maschinen-Verordnung) zum Gerätesicherheits-Gesetz verweist eindeutig auf die weitreichenden Anforderungen an die Betriebsanleitung entsprechend der EG-Richtlinie Maschinen[3]. Siehe dazu auch Kapitel 5.1, Seite 169.

Übrigens: Wußten Sie, daß der Hersteller auch für jene Maschinen eine Betriebsanleitung erstellen muß, die er nur für seinen eigenen Gebrauch konstruiert und baut?

Wenn sich die Tätigkeit des Technikautors auch nicht auf den Maschinenbereich beschränkt, sollte er trotzdem diesen detaillierten Anforderungen seine Aufmerksamkeit widmen. Bei der Analogiefreudigkeit unserer Gerichte dürfte der Zeitpunkt nicht fern sein, wo auch zur Instruktionspflicht in anderen Produktbereichen auf diesen umfassenden Katalog verwiesen wird.

Ebenso ist in den letzten Jahren in der Rechtsprechung eine Veränderung zugunsten des Anwenders zu beobachten. Früher war der Bundesgerichtshof der Meinung, der Hersteller habe keine Aufklärungspflicht hinsichtlich des allgemeinen Erfahrungswissens, denn: Wer sich ein Produkt anschaffe, der habe sich selbst darum zu kümmern, wie er damit umgehen müsse[4]. Inzwischen kam man in Karlsruhe zu der folgenden bemerkenswerten Feststellung: *Ein Hersteller darf sich nicht auf Gefahrenhinweise*

---

[2] *BGH-Urteil vom 27.9.1994, VI ZR 150/93*

[3] *EG-Richtlinien Maschinen, Anhang I Nr. 1.7.4*

[4] *BGH VersR 1975, 925*

Abb. 2: Bedienungsanleitung anno 1922

[...] beschränken, die Gesetze oder Rechtsverordnungen von ihm verlangen. Er muß [...] dem Verwender alle weiteren Informationen [...] geben, damit dieser das Produkt [...] gefahrlos verwenden kann[5].

Gegenstand des Rechtsstreits war die Verletzung eines Wasserwerksmeisters. Dieser hatte einen Kessel innen mit einem Spray aus der Spraydose verzinkt. Um die Trocknung zu beschleunigen, erhitzte er die Fläche mit einer Lötlampe. Durch die entstehende Stichflamme wurde der Wasserwerksmeister schwer verletzt.

...ganz schön naiv!

Die Spraydose war mit folgender Warnung versehen:

> *„Der Behälter steht unter Druck. Nicht über 50 °C erwärmen. Nicht gegen Flammen oder auf glühende Körper sprühen."*

[5] *BGH vom 7.10.1986, VI ZR 187/85; BB 1986, 2368*

Hier fragt sich wohl jeder Technikautor mit Recht, ob er bei einem Wasserwerksmeister ein solches Verhalten vorhersehen muß.
Das Gerätesicherheits-Gesetz verpflichtet den Hersteller, jedem technischen Arbeitsmittel eine Betriebsanleitung beizufügen und mitzuliefern[6], wenn [...] bei dessen Verwendung [...] bestimmte Regeln beachtet werden müssen. Dies gilt für fast alle Produkte, die dem Gerätesicherheits-Gesetz unterliegen. *Mitliefern* bedeutet, daß der Hersteller die Betriebsanleitung schriftlich verfassen und dem Produkt so beifügen muß, daß diese auch tatsächlich in die Hände des Anwenders gelangt. Es reicht also nicht aus, die Betriebsanleitung den Versandpapieren beizufügen, weil so die Gefahr des Verlustes zu groß ist. [5] Siehe dazu auch Kapitel 3.5.2, Seite 158.

Hersteller und Anwender von Computern: aufgepaßt!

Die Betriebsanleitung muß in Deutschland in deutscher Sprache abgefaßt und für den Anwender verständlich formuliert sein. [5] Diese Bestimmung dürfte alle Anwender von elektronischen Geräten interessieren, deren Benutzerinformation oft nicht die verwendete Druckerschwärze wert ist. Ob ein davon abweichendes aktuelles Urteil Bestand haben wird, bleibt abzuwarten. Danach muß ein Computer-Handbuch nicht vollständig in deutscher Sprache abgefaßt sein. *Für den durchschnittlichen Benutzer* sollen demnach die *wichtigsten Hinweise* in Deutsch ausreichen[7].
Abschließend erwähne ich noch die vielen Normen (und es werden immer mehr!), die ganz konkret auf die Technische Dokumentation Einfluß nehmen. Die Tabelle würde hier den Lesefluß stören. Deshalb finden Sie diese als Abb. 66, Seite 202.

---

[6] *Gerätesicherheits-Gesetz, §3 Abs. 3*
[7] *Landgericht Koblenz, Az: 12 S 163/94*

2.1.2 Zehn Minuten Psychologie

Daß unser Ausflug in die Psychologie doppelt soviel Zeit erfordert wie der Blick in die gesetzlichen Regeln, ist kein Zufall. Die gesetzlichen Regeln zur Technischen Dokumentation lassen sich auflisten, ja sogar in eine übersichtliche Tabelle fassen. Dies ist beim psychologischen Grundwissen eines Technikautors unmöglich.
Wer gute Betriebsanleitungen schreiben will, muß nun wirklich kein Psychologe sein. Aber ich kann einem Technikautor zumuten, sich über die grundlegenden Aspekte menschlicher Wahrnehmung zu informieren. Es soll nämlich auch Technikautoren geben, die vorformulierte Sätze aus sogenannten Musteranleitungen umschreiben. Oder aus einem Katalog von Sicherheitshinweisen die am besten passenden auswählen.
Das ist dasselbe, als würde man Vogelfedern untersuchen, um das Prinzip des Fliegens zu verstehen. Zum wirklichen Verständnis des Fliegens muß ich erkennen, welche Faktoren das Überwinden der Schwerkraft ermöglichen. [6]
Ein guter Technikautor wird verstehen wollen, welcher Prozeß beim Anwender abläuft, wenn dieser die Handlungsanleitungen einer Betriebsanleitung umsetzt.
Da beim Umsetzen von Handlungsanleitungen beim Anwender ein Lernprozeß abläuft, muß die erste Frage lauten:

Wie lernt der Mensch?

Ein wichtiger Antrieb für das Lernen ist die Neugierde. Neugierde erzeugt in uns die → Motivation, neue Informationen aufzunehmen, diese mit geeigneten → Assoziationen zu verknüpfen und zu verstehen.
Beim Anwender gilt das besonders für Instruktionen, die er in Bedienhandlungen umsetzen muß.

Das klappt beim Anwender aber nur dann, wenn er sich in einer positiven Lernsituation befindet. Dabei hängt die positive Lernsituation auch davon ab, wie die Instruktionen vermittelt werden. Ich zeige an einem Negativ-Beispiel, wie eine positive Lernsituation nicht zustande kommt.
Angenommen, ein Anwender findet folgende Instruktion in einer Betriebsanleitung:

> *Wenn bei der täglichen Überprüfung des Getriebeöls der Siebschleuder am Ablaßventil Schmutz in der Ölprobe festgestellt wird,*
> *oder diese stark getrübt oder verharzt ist, ist ein Ölwechsel unverzüglich vorzunehmen, wobei im Falle von Mutterlaugengehalt im Öl die Schleuder sofort außer Betrieb gesetzt und das Getriebe auseinandergenommen und sorgfältig gereinigt werden muß. Sodann ist das Öl zu erneuern.*

Abb. 3: Ein Anwender mit verständlicher Instruktion

Die ersten drei Zeilen dieser Instruktion sind dem Anwender sicherlich noch verständlich. Das sind Fakten, die er kennt. Diese Situation ist in seinem Vorwissen enthalten und er will erfahren, was jetzt zu tun ist. Da wird eine Erwartungshaltung ausgelöst und seine Neugierde ist geweckt. Aber die dann folgende Flut von Informationen kann er nicht mehr einordnen. Damit setzt zwangsläufig jene Streßautomatik ein, die das Denken blockiert und jedes Lernvermögen ausschaltet. Es ist dieselbe Funktion, die unsere steinzeitlichen Vorfahren den täglichen Überlebenskampf bestehen ließ, und die signalisiert: *Nicht denken – alle Körperfunktionen auf Kampf einstellen – notfalls die Flucht ergreifen.* Wenn auch der Mensch heute kaum körperliche Attacken befürchten muß – seine Streßauslöser hat er trotzdem. Sie heißen körperliche und geistige Überforderung, seelischer Druck und Zeitnot.

Im obigen Beispiel liegen die Streßfaktoren in der unbewußten Empfindung: *Das ist alles verwirrend, unübersichtlich, fremd und unverständlich.*

Was geschieht nun, wenn diese Streßautomatik einsetzt? Prompt sendet der → Hypothalamus seine Impulse an den → Sympathikusnerv, der seinerseits die Nebennieren anregt. Diese produzieren unverzüglich die Streßhormone Adrenalin und Noradrenalin. Dadurch setzt eine Denkblockade ein, und → Assoziationen sind nicht mehr möglich. [7] Wenn Assoziationen nicht mehr möglich sind, dann geht der Überblick verloren *(man blickt nicht mehr durch),* und die aktuelle Situation wird nicht erkannt oder falsch eingeschätzt. Sogar die im obigen Text enthaltenen vertrauten Begriffe werden nicht mehr erkannt und deshalb auch nicht mehr verstanden.

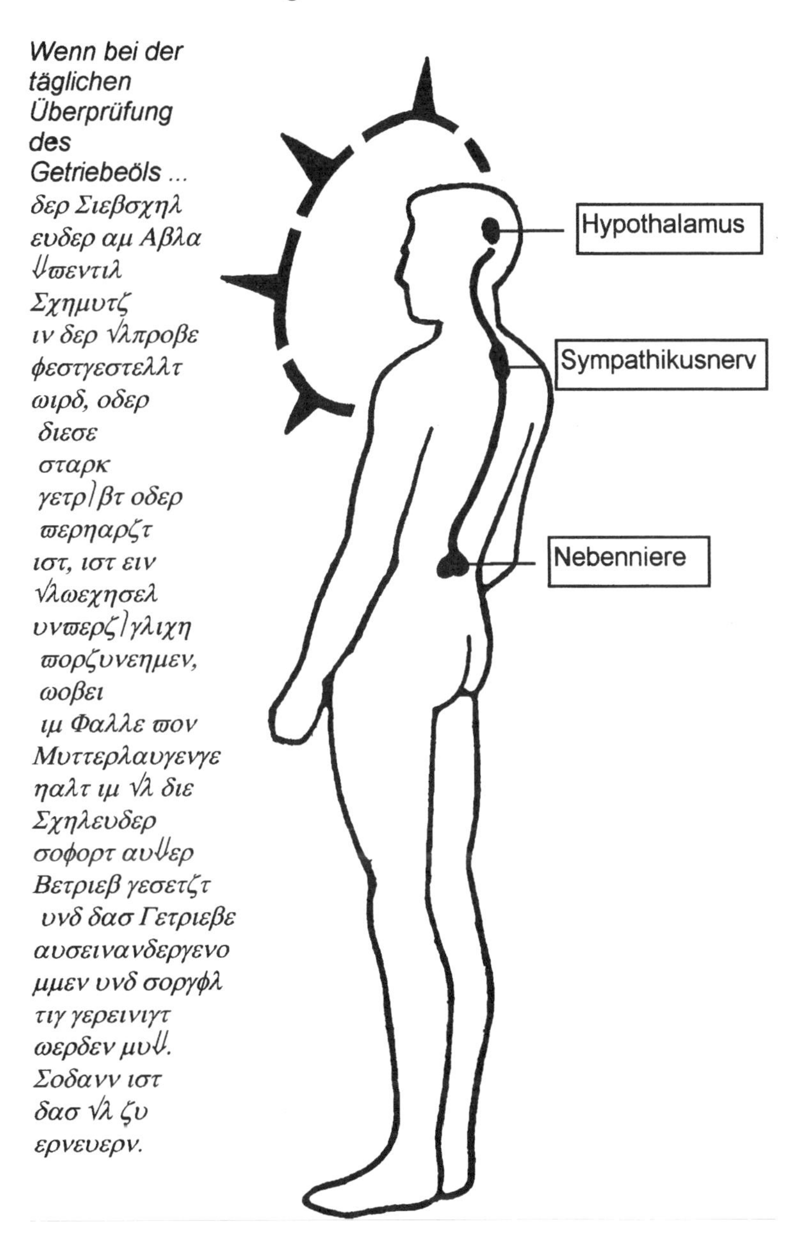

Abb. 4: Ein Anwender mit unverständlicher Instruktion

Wie denkt der Mensch?

Korrekt müßte die Frage lauten: wie verwaltet und wie verarbeitet der Mensch seine Erfahrungen und Wahrnehmungen. Darunter verstehen wir all das, was den Menschen zum Denken anregt. Daran hat das Gedächtnis einen gewichtigen Anteil.

Kurzzeitgedächtnis und Langzeitgedächtnis

Die Funktionen von Kurzzeitgedächtnis und Langzeitgedächtnis wurden in der bisherigen Literatur zur Technischen Dokumentation vielfach erörtert. Ich gehe hier lediglich auf diejenigen Aspekte ein, die für unsere Arbeit wesentlich sind.

Das Kurzzeitgedächtnis hat Platz für etwa fünf bis zehn Informationseinheiten. [*8*] Nur so wenige werden während eines Zeitabschnitts von 10 s gleichzeitig gespeichert. Danach gehen diese Informationen durch Lernen oder Verstehen ins Langzeitgedächtnis über. Andernfalls werden sie vergessen.

Das Kurzzeitgedächtnis hat außer seinem kleinen Speicher eine weitere unerfreuliche Eigenschaft. Jeder dieser Speicherplätze (man könnte auch sagen Schubladen) nimmt nur jeweils eine Informationseinheit auf. Deshalb verdrängt jede weitere neue Informationseinheit die vorhandene Informationseinheit aus ihrer Schublade. Das heißt: die alte Infor-

Abb. 5: So stellen wir uns das Kurzzeitgedächtnis vor

mationseinheit muß entweder aufgeschrieben oder gelernt werden, damit sie nicht vergessen wird.

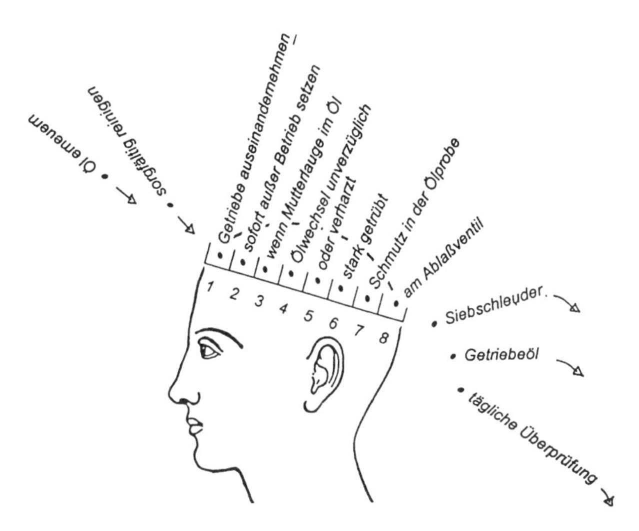

Abb. 6: Die Funktion des Kurzzeitgedächtnisses

Der Speicher im Langzeitgedächtnis ist dagegen viel größer. Exakt messen konnte das noch niemand. Es dürften jedoch 1 Million Informationseinheiten sein, die dort abgelegt und aufbewahrt werden können. [*9*] Die Abb. 7, Seite 36, zeigt die wichtigsten Merkmale der beiden Speicher in der Gegenüberstellung.

Nun werden die einschlägig informierten Leser einwenden, ich hätte hier das Ultrakurzzeitgedächtnis unterschlagen. Das habe ich tatsächlich – und zwar mit voller Absicht! Das unbestimmte Speichervolumen von nur 2 bis 12 Informationseinheiten während der unvorstellbar kurzen Zeit von 0,2 s läßt uns von dieser Streusandbüchse mit großen Löchern nur wenig Wirkung für unsere Arbeit erwarten. Wer dazu mehr wissen möchte, dem empfehle ich die einschlägige Literatur zu diesem Thema. [*10*]

Viel interessanter für den Technikautor ist eine recht spät entdeckte Nische unseres Gehirns: das Arbeitsgedächtnis. [*11*] [*12*]

	Kurzzeitgedächtnis	**Langzeitgedächtnis**
Haltezeit	etwa 10 Sekunden	unter Umständen lebenslang
Erlebte Beständigkeit der Spuren[8]	flüchtig	beständig
Zeitdruck bei der Reproduktion[9]	groß	klein
Kapazität	etwa 10 Einheiten	nicht bekannt, Größenordnung: 1 Million Einheiten
Vorherrschende Ordnung	nach sensorischen, akustischen Merkmalen	insbesondere nach semantischen[10] Merkmalen

Abb. 7: Kurzzeitgedächtnis und Langzeitgedächtnis

Das Arbeitsgedächtnis, ein Verbündeter des Techikautors

Das Arbeitsgedächtnis verfügt ebenfalls nur über einen begrenzten Speicher. Es wird aber in seinen Funktionen durch eine Art *zentralen Regler* entscheidend unterstützt. Dieser zentrale Regler erfaßt alle diejenigen Informationen und Wahrnehmungen, die zur Lösung eines bestimmten Problems verfügbar sind. Er stellt dem Arbeitsgedächtnis die erforderlichen Informationen solange zur Verfügung, wie diese zur Verarbeitung (z.B. zu einer Problemlösung) gebraucht werden (siehe Abb. 8, Seite 37). Dazu nimmt das Arbeitsgedächtnis auch neue Informationen auf und bringt so das bereits vorhandene Situationswissen des Anwenders auf den jeweils aktuellen Stand. Der zentrale Regler gibt jedoch nur diejenigen Informationen an das Arbeitsgedächtnis weiter, die zu der gegenwärtigen Problemlösung vermutlich erforderlich sind. [9] In dieses Auswahlverfahren werden die Informationsbestände des Kurzzeitgedächtnisses und des Langzeitgedächtnisses ebenfalls einbezogen.
Was bedeutet das Arbeitsgedächtnis des Anwenders für den Technikautor?

---

[8] *Gewißheit, daß man nichts vergißt*
[9] *Spüren, daß es uns entfällt*
[10] *nach der Bedeutung der Begriffe*

Das Arbeitsgedächtnis aktualisiert das Situationswissen durch neue Informationen solange, bis der erforderliche Informationsbestand zur aktuellen Problemlösung vollständig verfügbar ist.

Das Arbeitsgedächtnis hat's!

Dazu ein Beispiel:

Sie überlegen, ob Sie sich einen Geländewagen anschaffen sollen. Ihr Situationswissen zum Stichwort Geländewagen umfaßt für Sie folgende Informationen:

- geländegängig
- 4-Rad-Antrieb zuschaltbar
- sportliches Fahren
- Image-Gewinn
- hoher Benzinverbrauch.

Zweifellos werden Sie nun aufmerksam auf alle Informationen achten, die Ihnen zu Ihrem *Projekt Geländewagen* begegnen. So ist es nicht erstaunlich, daß Ihnen selbst beim flüchtigen Durchblättern in der Morgenzeitung folgende Notiz auffällt: *Ein deutscher Automobil-Hersteller will bereits*

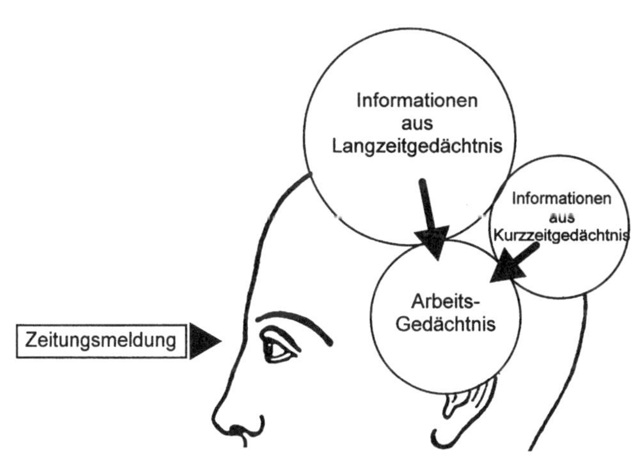

Abb. 8: Die Funktion des Arbeitsgedächtnisses

1996 in den USA einen Geländewagen auf den Markt bringen, dessen 4-Rad-Antrieb durch ein Computersystem automatisch dann zugeschaltet wird, wenn dies die Fahrsituation erfordert. Die neue Antriebstechnik soll ab 1997 auch auf dem deutschen Markt angeboten werden.

Den Prozeß, den diese Meldung in Ihrem Arbeitsgedächtnis auslöst, zeigt Abb. 9.

Das bedeutet konkret für die Arbeit des Technikautors: Er muß dafür sorgen, daß der Anwender über das erforderliche Situationswissen verfügt. Nur dann kann der Anwender auch alle Folge-Informationen richtig einordnen und verstehen. Wichtige Bestandteile im Situationswissen des Anwenders sind die Gerätebeschreibung und vor allem die Funktionsbeschreibung in einer Betriebsanleitung. Siehe dazu Kapitel 3.1.7.2, Seite 84 und Kapitel 3.1.7.3, Seite 85.

Kapitel. 2.2 Seite 39

Der Vollständigkeit halber werde ich hier noch auf die beiden Experimente eingehen, die zu den Erkenntnissen über die Funktion des Arbeitsgedächtnisses geführt haben.

zwei interessante Experimente

Das erste Experiment wurde durchgeführt, um die Kapazität des Arbeitsgedächtnisses zu untersuchen. Dabei mußten die Versuchspersonen, die einen

Abb. 9: Das Situationswissen wird aktualisiert

Text lasen oder hörten, auf ein Signal entweder den unmittelbar vorausgegangenen Satz, den vorletzten Satz und den drittletzten Satz so exakt wie möglich wiederholen.
Die Versuchspersonen konnten den unmittelbar vorausgegangenen Satz fast vollständig wiederholen. Beim vorletzten Satz war das nur zu etwa 20 % möglich, und der drittletzte Satz wurde nur noch bruchstückhaft erinnert.
Durch das zweite Experiment sollte geprüft werden, ob im Arbeitsgedächtnis die Informationen der Sätze wörtlich enthalten, oder ob die Sätze bereits weiterverarbeitet worden waren. Dabei konnte das Vorhandensein der wörtlichen Informationen zweifelsfrei festgestellt werden. Unklar blieb jedoch, ob die Informationen auch sinngemäß weiterverarbeitet worden waren. [*13*]

2.2 Die Werkzeuge

2.2.1 Die Arbeitsregeln

Arbeitsregeln machen uns das Leben leichter, weil sie wiederkehrende Arbeitsvorgänge standardisieren helfen und in feste Bahnen lenken.
Ein einmal präzise *beschriebener Arbeitsvorgang* verhindert, daß wir das Rad immer wieder neu erfinden. Was bei der Beschreibung eines Arbeitsvorgangs entsteht, nennen wir → Verfahrensanweisung. Wenn Sie noch weiter gehen wollen, dann können Sie damit Schritt für Schritt eine solide Grundlage für ein Qualitätsmanagementsystem schaffen. Beginnen Sie gleich damit, Verfahrensanweisungen für Ihre wichtigsten Arbeitsvorgänge zu erstellen (siehe Kapitel 4.1.1, Seite 162). Das Wichtigste für den Technikautor zu diesem Thema nehme ich hier schon mal vorweg. Es betrifft die beiden nächsten Kapitel, weil Sprache und Bilder die Hauptwerkzeuge für jeden Technikautor sind.

Erinnern Sie sich an die erste Verfahrensanweisung auf Seite 15?

2.2.2 *Die Sprache*

Die Sprache muß bestimmten Regeln folgen, damit sie von der Zielgruppe verstanden wird. Zu diesem Thema sind so viele schlaue Bücher geschrieben worden, daß ich nicht noch eines hinzufügen muß. Erstaunlich ist, daß sich kaum eines der mir bekannten Bücher konkret zu Schreibregeln für Betriebsanleitungen äußert. Da wird befohlen, man dürfe „keine *allzu verschachtelten* Sätze schreiben" und „die Sätze sollten *nicht allzu lang* sein" oder andere artige Unverbindlichkeiten mehr. Auch die bemerkenswerte Feststellung: „*Verständlich sind Texte [...] mit einer gewissen Kürze*", war da zu lesen. Mit solchen Ratschlägen kann ein Technikautor (insbesondere ein Beginner) nichts anfangen. Deshalb formuliere ich hier ein paar eindeutige Positionen für Ihre Verfahrensanweisung; z.B.:

1. Schreiben Sie kurze Sätze mit 13 Wörtern.

2. Benutzen Sie aktive Verben.

> zum Beispiel so: „Das Zählwerk registriert die Impulse".
>
> Nicht so: „Die Impulse werden vom Zählwerk registriert."

3. Schreiben Sie Anweisungen in der Befehlsform.

> zum Beispiel: „Schalten Sie die Maschine ein".
>
> Oder: „Maschine einschalten."

4. Schreiben Sie keine Schachtelsätze:

- benutzen Sie in jedem Satz nur ein Komma
- benutzen Sie vor Aufzählungen und Zusammenfassungen den Doppelpunkt.

5. Schreiben Sie Anweisungen in der Reihenfolge des Handlungsablaufs.

Zum Beispiel so:

- Vergleichen Sie die Angabe auf dem Typschild mit der vorhandenen Netzspannung.
- Stecken Sie den Stecker in die Steckdose.
- Schalten Sie das Gerät ein.

Nicht so:

Schalten Sie das Gerät ein, nachdem Sie den Stecker in die Steckdose gesteckt und die Angabe auf dem Typschild mit der vorhandenen Netzspannung verglichen haben.

6. Behalten Sie alle Begriffe konsequent bei, die Sie einmal festgelegt haben.

d.h.: ein Wasserhahn bleibt ein Wasserhahn von der ersten bis zur letzten Seite der Betriebsanleitung.
Der Wasserhahn wird weder zum Mischventil, noch zur Mischbatterie oder einem Einhebelmischer oder etwas Ähnlichem.

7. Erklären Sie Fachausdrücke entweder sofort oder in einem Glossar.

8. Formulieren Sie alle Anweisungen eindeutig.

Benutzen Sie keine unverbindlichen Formulierungen wie „in der Regel“, „eigentlich“, „gegebenfalls“, „unter Umständen“, „bei Bedarf“, „verhältnismäßig“ etc.

Geben Sie keine unverbindlichen Instruktionen, wie z.B.:

„Ölstand hin und wieder (gelegentlich/turnusmäßig) überprüfen“ Nennen Sie konkret die Intervalle, die Art und das Verfahren für die jeweiligen Arbeiten.

9. Machen Sie Zusammenhänge durch „Wenn... dann“ eindeutig erkennbar.

Zum Beispiel so:

„Wenn die grüne LED erlischt, dann ist die Maschine ausgeschaltet.“

Nicht so:

„Ist die grüne LED erloschen, ist die Maschine ausgeschaltet.“

Und auch nicht so:

„Wenn die grüne LED erloschen ist, ist die Maschine ausgeschaltet.“

2.2.3 Die Bilder

Man wagt den alten Spruch kaum noch zu zitieren: Ein Bild sagt mehr als 1000 Worte. Ich wage es trotzdem, weil ich den Eindruck habe, daß viele Hersteller aus lauter Sparsamkeit jedes Risiko von Instruktionsfehlern bedenkenlos auf sich nehmen. Ich sage ganz klar: Wenn wichtige Bilder fehlen, dann verletzt der Hersteller seine gesetzlichen Instruktionspflichten. Dasselbe gilt, wenn Bilder zwar vorhanden, aber nicht aussagefähig sind.
Das Hauptargument der Hersteller lautet natürlich: Wer soll das alles noch bezahlen. Verständlich und richtig! Und genauso falsch!
Richtig ist es aus betriebswirtschaftlichen Überlegungen, die man akzeptieren muß. Falsch ist es deshalb, weil die möglichen Kosten durch Produktrisiken in astronomische Dimensionen steigen können. Und falsch auch deshalb, weil sich das angebliche Kostenbewußtsein (Bilder können wir uns nicht leisten!) oft nur als Mangel an Phantasie entpuppt. Da jeder einsieht, daß sichere Betriebsanleitungen mit zuwenig oder schlechten Bildern nicht möglich sind, kommt dann der bemerkenswerte Stand der Kopiertechnik zum Einsatz. Dabei übersieht manch einer, daß Fotokopien von Fotos für diesen Zweck nicht taugen. Die Abb. 10 auf Seite 44 zeigt, was ich meine.
Der Text in dieser Betriebsanleitung nimmt dabei auf einen nicht näher bezeichneten Hebel Bezug, der bewegt werden muß. Das kann nicht gutgehen. Und zwar deshalb nicht:

- Das Bild zeigt zu viele Details und zuviel Umfeld. Zwar ist ein Hebel mit einiger Mühe zu erkennen, aber gibt es nicht vielleicht noch einen anderen, der gemeint sein kann? Das ist auch ein Nachteil vieler Fotos, die in Betriebsanleitungen abgedruckt werden.

- Die übliche mangelhafte Wiedergabe solcher Fotokopien bietet dem Anwender wenig optische Anhaltspunkte, an denen er sich konkret orientieren kann.

Dagegen zeigt die Abb. 11 auf Seite 45, wieviel Instruktion mit wenig Aufwand erreicht werden kann.
Hier wurde das überladene Foto in eine übersichtliche Strichzeichnung verwandelt. In dem reduzierten Bild sind nur noch bedienwichtige Teile und die wesentlichen Orientierungspunkte des Umfelds zu sehen. Der Hebel ist eindeutig zu erkennen, und ebenso die Endposition, in die er bewegt werden muß. Und das soll ohne großen Aufwand möglich sein? Es ist ohne großen Aufwand möglich.

Der Trick ist einfach:
- Lassen Sie von dem Foto eine Vergrößerung auf 13 × 18 cm (noch besser 18 × 24 cm) anfertigen.

Abb. 10: Fotokopien von Fotos bieten wenig Information

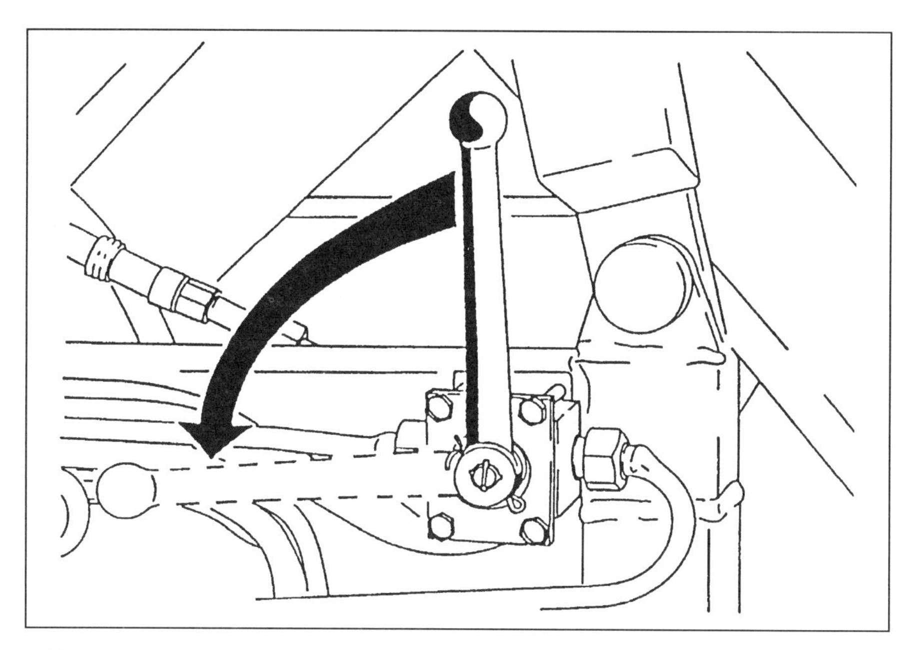

Abb. 11: Das reduzierte Bild

- Erstellen Sie per Fotokopierer von dieser Vergrößerung eine Folie.
- Kleben Sie diese Folie mit Tesafilm an eine Fensterscheibe.
- Kleben Sie darüber ein Transparentblatt (ein weißer Papierbogen tut's auch).
- Zeichnen Sie mit einem schwarzen Filzstift alle Konturen der bedienwichtigen Teile nach.
- Verkleinern Sie die Zeichnung per Fotokopierer (falls Sie keinen PC und keinen Scanner benutzen). Dadurch verschwinden kleine Unsauberkeiten von selbst.

Zur Nachahmung empfohlen: ein einfaches und preiswertes Verfahren

Nur Mut – versuchen Sie es! Mit etwas Üben werden Sie immer bessere Ergebnisse erzielen. (Die Grafikerinnen und Grafiker mögen es mir verzeihen.)

Am besten gleich mal probieren!

2.3 Die Betriebsmittel

Nach meiner Erfahrung beginnt jedes erfolgreiche Projekt auf einem Blatt Papier – und nicht am Bildschirm! Das gilt ebenso für eine gute Betriebsanleitung. Auch der unbestrittene Siegeszug des PC in der Technischen Dokumentation ändert daran nichts. Zwei einfache, handgestrickte Formulare sind es, die ein neues Projekt so richtig in Schwung bringen. Versuchen Sie das einfach mal!

2.3.1 Der Bestandsbogen

Nur wenig Aufwand: ein Blatt Papier im DIN A3-Format auf dem Schreibbrett

Der Bestandsbogen ist kein gewöhnliches Blatt Papier, versteht sich, sondern ein DIN A 3-Format auf dem Schreibbrett. Noch besser arbeitet sich's mit einem Flipchart, finde ich – aber das ist eine Glaubensfrage. Beides hat den Vorteil, daß Sie nicht ständig am Schreibtisch kleben müssen.

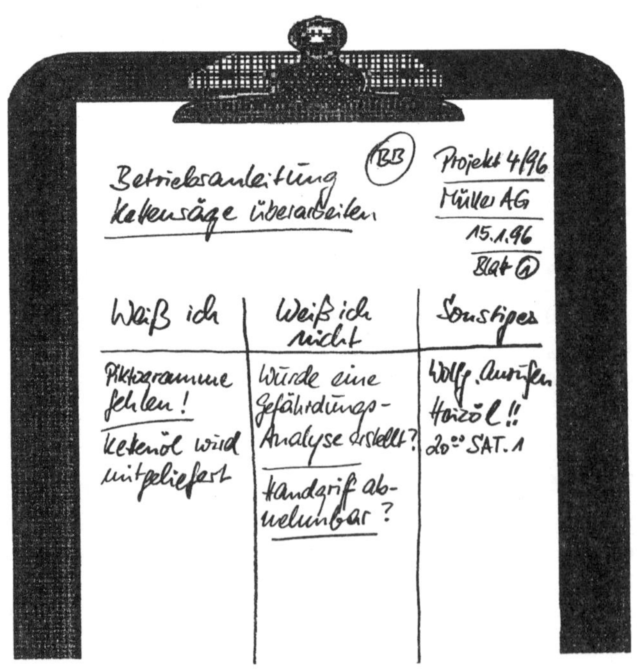

Abb. 12: Der Bestandsbogen DIN A 3

Wichtig ist, daß Sie den Bestandsbogen beim Projektbeginn anlegen und von Anfang an konsequent führen. Zuerst vermerken Sie die Projektdaten und teilen dann das Blatt in drei Spalten ein.
Die erste Spalte heißt *Weiß ich* und die zweite Spalte heißt *Weiß ich nicht*. Über die dritte Spalte schreiben Sie *Sonstiges*.
In der ersten Spalte notieren Sie alles, was Sie über das Produkt wissen. In der zweiten Spalte stehen alle Punkte, die ungewiß sind und geklärt werden müssen. Die dritte Spalte hat Platz für alles, was Ihnen während der Bestandsaufnahme durch den Kopf geht und mit Ihrer Arbeit nichts zu tun hat.

2.3.2 Der Arbeitsbogen

Für Ihren Arbeitsbogen gilt das gleiche wie für den Bestandsbogen: Ein DIN A 3-Blatt auf dem Schreibbrett. Die drei Spalten heißen *Idee, Wer-was-wo?, Sonstiges.*
Die erste Spalte nimmt alle Ideen auf, die Ihnen beim Gerätestudium in den Sinn kommen.
In der zweiten Spalte tragen Sie Querverweise ein, notieren offene Fragen, wer Ihr Ansprechpartner sein könnte oder welche Literatur heranzuziehen ist. Mehr Organisation ist auf dem Blatt nicht nötig, aber wenn Ideen und Fragen zueinander Bezug haben, dann sollten sie sich gegenüberstehen.
In die dritte Spalte lagern Sie alles aus, was Ihnen ungerufen durch den Kopf geht. Das Geburtstagsgeschenk für Tante Clara lenkt Sie nur vom Thema ab und kann auch morgen noch besorgt werden.

Der Arbeitsbogen ist wie ein roter Faden

Bis Ihre Betriebsanleitung komplett ist, werden Sie viele Bestandsbogen und Arbeitsbogen mit Ideen, offenen Fragen und wichtigen Hinweisen füllen. Je mehr Blätter sich ansammeln, desto wichtiger kann es sein, in frühere Notizen einzusteigen. Deshalb ist das Datum und die fortlaufende Numerierung der Blätter unverzichtbar.

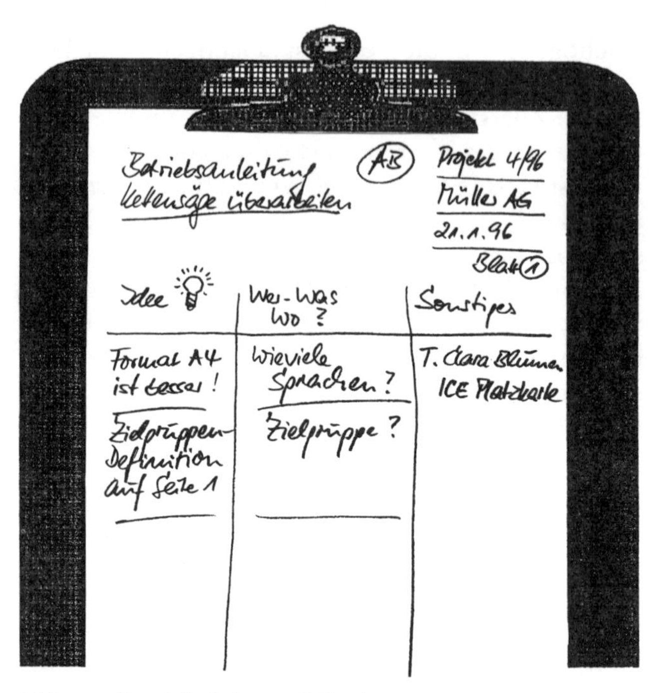

Abb. 13: Der Arbeitsbogen DIN A 3

Das Wichtigste aus Kapitel 2

- Erstellen Sie gleich zu Anfang einen Anforderungskatalog der gesetzlichen Vorschriften. Dadurch entsteht bei einigen Produkten zusätzlicher Zeitaufwand für die Recherche, der eingeplant werden muß.
- Lernpsychologisches Grundwissen muß sein. Auch wenn Sie glauben, Sie hätten das alles längst drauf – halten Sie sich aktuell informiert.
- Verfahrensanweisungen machen ständig wiederkehrende Arbeiten einfacher und entlasten den Kopf. Auch viele neue Arbeiten gehen Ihnen schneller von der Hand, wenn Sie Ihre bisherigen Erfahrungen in Verfahrensanweisungen schriftlich niedergelegt haben.
- Die Sprache ist das wichtigste Werkzeug des Technikautors. Nur wenige konkrete Regeln

sind einzuhalten, damit Betriebsanleitungen verständlich werden.

- Bleiben Sie Ihren Informationslücken auf der Spur. Wenn Sie für jedes Projekt konsequent einen Bestandsbogen führen, dann erkennen Sie schnell, welche Informationen fehlen.
- Der Arbeitsbogen hilft von Anfang an, Ideen zu entwickeln und die Realisierung zu beschleunigen. So können Sie Ihr Situationswissen entwickeln und aktualisieren. Auch notwendige Nebenarbeiten erkennen Sie so frühzeitig. Dies macht den Gesamtaufwand überschaubar und die Projektplanung sicherer.

Es gibt nur 3 Ursachen, wenn sachlich richtige Betriebsanleitungen nicht verstanden werden:

1. Die Instruktionen sind nicht zielgruppenorientiert
2. Die Instruktionen sind nicht vollständig
3. Die Instruktionen sind nicht eindeutig.

3 Die Produktion

Jetzt wollen wir eine Betriebsanleitung Schritt für Schritt entwickeln. Zunächst stelle ich die einzelnen Aktivitäten kurz im Überblick dar. Dabei verweise ich auf die entsprechenden Kapitel, wo Sie weitere Informationen finden. Diese Aufstellung und die folgenden Kapitel enthalten keine Aussagen zur Produktion der Bilder und zum Druck der Betriebsanleitung. Dies würde über den Rahmen des Buches hinausgehen.

Die einzelnen Aktivitäten im Überblick.

1. **Gerätestudium:** Produkt kennenlernen, falls erforderlich unter Anleitung eines Sachkundigen in Betrieb nehmen, vollständigen Bedienvorgang durchführen.
Weiteres dazu finden Sie im Kapitel 3.1.1, Seite 55.

2. **Projektplanung:** Alle Aktivitäten und Produktionsstufen planen. Wenn der Technikautor das Gerät kennt, dann kann die Projektplanung auch vor dem Gerätestudium angelegt werden.
Weiteres dazu finden Sie im Kapitel 4.1.2, Seite 163.

3. **Bestimmungsgemäßen Gebrauch definieren:** Darunter ist die normale Benutzung zu verstehen, für die das Produkt konstruiert wurde und geeignet ist.
Weiteres dazu finden Sie im Kapitel 3.1.1, Seite 55
und im Kapitel 3.1.2, Seite 56.

4. **Zielgruppen bestimmen:** Alle in Frage kommenden Zielgruppen ermitteln. Bei unterschiedlichen Zielgruppen präzise unterscheiden, welche Zielgruppe welche Instruktionen braucht.
Weiteres dazu finden Sie im Kapitel 3.1.2, Seite 56.

5. Produktinformationen konkretisieren: Umfassende Produktinformationen liefert die → Produktbeobachtung.
Weiteres dazu finden Sie im Kapitel 3.1.2, Seite 56.

6. Didaktische Konzeption erstellen: Dabei sind die Erkenntnisse aus der Zielgruppenbestimmung zu berücksichtigen.
Weiteres dazu finden Sie im Kapitel 3.1.2, Seite 56.

7. Normen recherieren: Viele der zu beachtenden Normen enthalten Bestimmungen, die in Betriebsanleitungen umgesetzt werden müssen.
Weiteres dazu finden Sie im Kapitel 3.1.3, Seite 64.

8. Gesamtabbildung erstellen: Gesamtabbildung des betriebsfertig montierten Geräts skizzieren und Positionsnummern für die Bedienteile vergeben.
Weiteres dazu finden Sie im Kapitel 3.1.4, Seite 71.

9. Begriffsbestimmung durchführen: Alle wichtigen Bauteile und Bedienteile werden mit möglichst selbsterklärenden Begriffen bezeichnet.
Weiteres dazu finden Sie im Kapitel 3.1.4, Seite 71.

10. Glossar erstellen: Im Glossar werden Fachbegriffe und Fremdwörter erklärt.
Weiteres dazu finden Sie im Kapitel 3.1.5, Seite 78.

11. Gliederung erstellen: Jetzt ist für die Betriebsanleitung eine Gliederung der Sachinhalte festzulegen.
Weiteres dazu finden Sie im Kapitel 3.1.6, Seite 78.

12. Quelltext schreiben: Der Technikautor beschreibt den Bedienvorgang zunächst so, wie er diesen selbst verstanden hat.
Weiteres dazu finden Sie im Kapitel 3.1.7, Seite 80.

13. Layout festlegen: Das muß geschehen, sobald der Quelltext erstellt ist.
Weiteres dazu finden Sie im Kapitel 3.1.8, Seite 95.

14. Inhalte auf sachliche Richtigkeit überprüfen: Das ist Sache des Auftraggebers (oder der Kollegen, falls der Technikautor für das eigene Unternehmen schreibt).
Weiteres dazu finden Sie im Kapitel 3.1.9, Seite 101.

15. Das Sicherheitskonzept: Die Rechtsprechung zu den Instruktionspflichten des Herstellers erlaubt es nicht mehr, Betriebsanleitungen nach Gutdünken mit Sicherheitshinweisen zu pflastern. Ein Sicherheitskonzept ist gefordert.
Weiteres dazu finden Sie im Kapitel 3.2.1, Seite 103.

16. Sicherheitshinweise formulieren: Nur parallel zum Text lassen sich Sicherheitshinweise präzise formulieren. Wirksame Sicherheitshinweise erfordern eine exakte Struktur.
Weiteres dazu finden Sie im Kapitel 3.2.1.2, Seite 111.

17. Klartext schreiben (Textversion 2): Jetzt kommen die Schreibregeln aus Kapitel 2.2.2, Seite 40 zur Anwendung. Und noch einige mehr.
Weiteres dazu finden Sie im Kapitel 3.2.2, Seite 123.

18. Bildkonzepte erstellen: Instruktive Bilder brauchen ein Konzept. Beim Texten entsteht das Bildkonzept ganz nebenbei.
Weiteres dazu finden Sie im Kapitel 3.2.3, Seite 132.

19. Bilder produzieren: Dazu ist die Zeit während der Korrektur der Textversion 2 besonders günstig.

20. Korrektur der Textversion 2: Dieser Korrekturlauf erfordert viel Zeit. Er ist notfalls auch ohne die zugehörigen Bilder möglich, wenn Bildkonzepte existieren.
Weiteres dazu finden Sie im Kapitel 3.2.4, Seite 137.

21. Bilder prüfen: Wurden die Bildkonzepte übereinstimmend zu den Textaussagen umgesetzt? Wur-

den mögliche Konstruktionsänderungen berücksichtigt?
Weiteres dazu finden Sie im Kapitel 3.3.1, Seite 139.

22. Textversion 3 erstellen: Dabei sind die Ergebnisse aus der Bilderprüfung und die Korrekturen der Textversion 2 umzusetzen.
Weiteres dazu finden Sie im Kapitel 3.3.2, Seite 140.

23. Kurzanleitung erstellen: Eine gute Kurzanleitung erfordert Zeit und Distanz zum Thema. Die Kurzanleitung kann erst dann fertiggestellt werden, wenn die Hauptanleitung komplett vorliegt und auf Plausibilität geprüft ist.
Weiteres dazu finden Sie im Kapitel 3.3.3, Seite 140.

24. Die Endkontrolle: Diese Aufgabe sollten dieselben Kollegen wie zuvor übernehmen. Jetzt sind Text, Bilder und Layout anhand der Checkliste zu überprüfen.
Weiteres dazu finden Sie im Kapitel 3.4.1, Seite 143.

25. Praktischen Anwendertest durchführen: Nur dadurch kann eine Betriebsanleitung verbindlich bewertet werden.
Weiteres dazu finden Sie im Kapitel 3.4.2, Seite 151.

26. Schluß-Redaktion durchführen: Aufgrund des Protokolls des Anwendertests sind die letzten Korrekturen durchzuführen, bevor die Anleitung in Druck geht. Dasselbe gilt für Korrekturen, die im Falle einer → EG-Baumusterprüfung durch die → benannte Stelle veranlaßt wurden.
Weiteres dazu finden Sie im Kapitel 3.5, Seite 155.

27. Druck der Betriebsanleitung: Wenn alle Korrekturen umgesetzt wurden und die Verantwortlichen die letztgültige Version freigegeben haben, dann kann die Betriebsanleitung gedruckt werden.

28. Dokumentations-Unterlagen archivieren: Dahinter verbirgt sich nicht nur die strikte Forderung des Gesetzgebers zur Aufbewahrung von Geschäftsunterlagen.
Weiteres dazu finden Sie im Kapitel 5.3.3, Seite 178.

3.1 Phase 1: Die Fakten sammeln

Dies ist die wichtigste Phase für den Technikautor, wenn er ein neues Projekt beginnt. Warum das?
Jetzt beginnt das Sammeln aller Informationen, ohne die das umfassende Beschreiben des neuen Produkts nicht möglich wäre.

Beim Projektstart muß es zügig vorangehen

Benutzen Sie von Anfang an den → Bestandsbogen und den → Arbeitsbogen als ständigen Sammelkorb (siehe dazu Kapitel 2.3, Seite 46).
Es kommt vor allem darauf an, die benötigten Daten schnell und ohne Verzögerung zu zusammenzutragen. Besonders für Basisinformationen ist die Anfangsphase so günstig wie keine andere. Jeder hat das schon erlebt: Wenn man sich mit einer neuen Sache befaßt, dann ist der Informationszuwachs beim Projektstart am größten und erfordert auch die geringste Mühe! Mal abgesehen von besonders komplizierten Zusammenhängen, bei denen es eine langsame Anfangsphase geben kann. [*14*]

Kapitel 3.1.1 Seite 55

Wenn die Einstiegsphase nach vergleichsweise kurzer Dauer zu Ende ist, dann steht der Zuwachs an weiteren Informationen in keinem Verhältnis zur Intensität der Lernbemühungen in der Folgezeit. Vermutlich läßt das Lerninteresse dann nach, wenn uns die Lerninhalte vertrauter werden. Auch gehen wir dann mit Informationen sehr viel unkritischer um, als zu Beginn unserer Faktensammlung.
Deshalb ist auch klar, daß es genau dann gefährlich wird, wenn dem Technikautor bestimmte Sachverhalte zu *offensichtlich* und *selbstverständlich* werden. Je vertrauter der Technikautor mit dem neuen Produkt wird, desto mehr verliert er beim Beschrei-

ben die kritische Kontrolle über seine Darstellung der einzelnen Sachverhalte.
Wenn Sie das ebenfalls beobachtet haben, dann sollten Sie diese Erkenntnis nutzen.

3.1.1 Das Produkt begreifen

Jetzt sollte der Technikautor bereits das Protokoll der Gefährdungsanalyse und die Lösungsbeschreibung kennen. Der Bestandsbogen ist in dieser Phase ein wichtiges Instrument.

Ich werde nie vergessen, wie ich eines Tages fassungslos zusah, als ein Arbeiter zum Aufwärmen seines Erbseneintopfs einen 35 kW-Industrieofen einschaltete.

Ganz bewußt habe ich für diese Überschrift nicht *Produkt analysieren* gewählt. Denn exakt begreifen ist gemeint; auch im Sinne von anfassen. Jeder Technikautor wird nur dann mit seinem Produkt richtig vertraut werden, wenn er damit unmittelbar Kontakt hatte. Nur so kommt der Technikautor auch den zahllosen Möglichkeiten eines bestimmungswidrigen, aber naheliegenden Fehlgebrauchs auf die Spur.
Der beste Weg dazu: die Maschine oder das Gerät selbst in Betrieb nehmen. Bei großen Anlagen ist das nicht immer möglich. Da wird der direkte Kontakt auf eine Unterweisung durch einen Sachkundigen beschränkt bleiben. Wenn nicht sogar – bedingt durch die Entfernung – eine Videoaufzeichnung auch das ersetzen muß.
Besonders schwierig wird das *Produktbegreifen* dann, wenn das Produkt noch nicht einmal existiert. Im Sondermaschinenbau ist das alltäglich. Das bedeutet jedoch Technische Dokumentation unter schwierigen Bedingungen, die beim Technikautor eine völlig andere Organisation und Arbeitsweise voraussetzt. [*1*]
So oder so, bei der Faktensammlung zu einer Technischen Dokumentation ist ein Fotoapparat oder eine Videocamera sehr nützlich. So ist die Vorführung beliebig oft wiederholbar. Dies ist umso wichtiger, je komplexer das Produkt ist. Eine Videocamera zeichnet Bild *und* Ton auf, also auch er-

Nur wenig technische Ausstattung hilft viel

läuternde Kommentare. Zusätzliche umfangreiche Notizen sind nur selten erforderlich. Ein kleines Handdiktiergerät ist ebenfalls hilfreich. So z.B. in lauten Werkhallen, damit die Kommentare nicht im Lärm untergehen. Ebenso bei Steuerungseinheiten, deren Funktion für den Betrachter von außen nicht sichtbar abläuft. Da bringt ein Video-Standbild von mehreren Minuten Dauer keinen Informationszuwachs.

Handdiktiergeräte für diesen Zweck sollten unbedingt mit einem Bandzählwerk ausgestattet sein. Als es das bei Handdiktiergeräten noch nicht gab, konnte man Stunden damit zubringen, eine bestimmte Information wiederzufinden. Heute läßt sich das dadurch vermeiden, daß man einfach die entsprechende Bandstelle notiert.

Wenn Sie Kommentare aufnehmen, dann brauchen Sie als Technikautor keineswegs jeden Satz des Sachkundigen zu wiederholen. Halten sie ihm das Mikrofon vor und lassen Sie ihn seine Erläuterungen selbst auf Band sprechen. Das freut die Leute. Nutzen Sie die Gelegenheit, unklare Sachverhalte an Ort und Stelle zu hinterfragen. Erfahrungsgemäß kann man sich an die jeweilige Situation später nur selten konkret erinnern („...das war da, als das grüne Lämpchen aufleuchtete, nachdem der Monteur...").

Und nicht zuletzt: Die Videoaufzeichnung und das Tonband werden zur internen Technischen Dokumentation archiviert. Was aber nur dann der Sicherheit des Technikautors dient, wenn der auch sorgfältig gearbeitet hat.

3.1.2 Die Zielgruppen bestimmen

Die Zielgruppe ist das A und Ω

Wir bestimmen die Zielgruppe nach Grundwissen und Erfahrungshorizont. Wenn die Zielgruppe bereits Erfahrungen mit dem Produkt hat, dann kann auch ein entsprechendes Situationswissen vorausgesetzt werden (siehe dazu Kapitel 2.1.2, Seite 30).

Das sind für den Technikautor wesentliche Aspekte, die er kennen und berücksichtigen muß. Sie sind mitentscheidend, ob eine Betriebsanleitung gelesen und verstanden wird oder nicht.
Doch wie gesagt: Das Bestimmen der Zielgruppe (n) allein ist nicht genug. Die Erkenntnisse müssen auch verwertet werden. Andernfalls wäre es dasselbe, wenn Sie über einen Text in rätoromanischer Sprache das Wort *English* setzen. Jeder englischsprachige Anwender wäre erfreut – bis er schließlich enttäuscht feststellt, daß ihm dieser Text unverständlich ist.
Das heißt: Jede Zielgruppe erwartet exakt die für sie verständliche Ansprache, sonst kommt die Instruktion nicht an. Ein Beispiel aus dem internationalen Marketing der frühen 50er Jahre zeigt, welchen Stellenwert die exakte Zielgruppenansprache hat. In dieser Zeit machten sich zahllose Unternehmen auf, den saudi-arabischen Markt zu erschließen. Darunter auch ein Waschmittelriese mit einem Produkt – nennen wir es *Clean*.
Die Zielgruppenbestimmung berücksichtigte folgende Fakten:

- Die Wirkungsweise des Produkts ist bekannt
- das Produkt ist nicht erklärungsbedürftig
- die Abnehmer des Produkts sind weitgehend Analphabeten.

Abb. 14: An der Zielgruppe vorbei

So entstanden Plakatflächen, einer Darstellung, wie sie Abb. 14, Seite 57, zeigt. Der Erfolg war entsprechend: *Clean* wurde nicht gekauft! Die Marketingstrategen hatten schlicht übersehen, daß man in Saudi-Arabien von rechts nach links liest und daß auch Bildinformationen genau so verstanden werden.
Sicherlich hatte niemand dort angenommen, daß ein sauberer Burnus nach der Wäsche mit *Clean* schmutzig aus dem Waschbottich kommt. Aber die Verbraucher empfanden unbewußt eine ihrer typischen Eigenarten nicht berücksichtigt. Die Folge war: Das Produkt wurde nicht angenommen.
Dasselbe gilt sinngemäß für Betriebsanleitungen. Allerdings reicht hier der Anspruch noch weiter. Im Marketing soll sich die Zielgruppe angesprochen fühlen, in der Betriebsanleitung muß die Zielgruppe erkennen, daß sie angesprochen ist.

Produktbeobachtung

Die richtige Zielgruppe nicht nur kennen, sondern auch ansprechen

Damit der Technikautor die richtige Zielgruppe anspricht, orientiert er sich am besten an den Archiv-Unterlagen der (hoffentlich funktionsfähigen) Produktbeobachtung. Wenn diese (noch) keine verwertbaren Informationen liefert, dann sollten dazu die erforderlichen Maßnahmen umgehend eingeleitet werden[*1*]. Bis diese wirksam werden, muß sich der Technikautor auf seine Erfahrung oder auf die Auskünfte anderer verlassen.
Aus diesen Informationen formuliert der Technikautor schließlich seine Zielgruppenbestimmung. Hier muß er sich nach allen Regeln der Kunst absichern, denn wenn das Fundament (=Analyse) nicht stimmt, dann kann auch der Aufbau (=Konzeption) nicht tragfähig sein.
Die Abb. 15 auf Seite 60/61 zeigt die Zielgruppenbestimmung für eine Verpackungsmaschine.
Und noch etwas: Die Zielgruppenbestimmung ist auch ein wichtiges Kriterium des bestimmungs-

gemäßen Gebrauchs. Denn „bestimmungsgemäßer Gebrauch“ bedeutet immer:

- unter den vom Hersteller vorgesehenen Bedingungen
- für den vom Hersteller vorgesehenen Zweck
- für die vom Hersteller vorgesehene Zielgruppe.

Allerdings gehört es zu den Instruktionspflichten des Herstellers, naheliegenden Fehlgebrauch zu berücksichtigen. Wenn er solchen kennt oder kennen müßte, dann muß er auch entsprechende Sicherheitshinweise geben.

Ein Technikautor muß vor allem Probleme erkennen können, bevor sie auftreten.

Produktbeobachtung läuft nebenbei, wenn sie richtig organisiert wird

Der Hersteller ist zur Produktbeobachtung gesetzlich verpflichtet. Umfassende Informationen über die Nutzungsgewohnheiten der Anwender kann er über die Händler oder durch den Außendienst bekommen. Dazu gehören auch Hinweise über weitere Verwendungsarten sowie die bestimmungswidrige (aber naheliegende) Verwendung des Produkts. Besonders im Heimwerkerbereich gibt es Verhaltensweisen, mit denen der Hersteller rechnen muß. Was wäre, wenn z.B. der arglose Anwender seine Kettensäge als Heckenschere benutzt? Daß dies ein naheliegender Fehlgebrauch ist, wird niemand ernsthaft bestreiten wollen.

Zielgruppenbestimmung
zur
Betriebsanleitung für
█████████████

A. Nach dem derzeitigen Erkenntnisstand wird die ████████████ von folgenden Personen mit unterschiedlicher Qualifikation bedient:

1. Bediener

Aufgaben:
- Einrichten der Maschine,
- Umrüsten der Maschine,
- Maschine mit Verpackungsmaterial versorgen,
- Heißleim nachfüllen,
- Maschine anfahren, abschalten
- kleine Störungen beseitigen (z. B. durch verklemmtes Verpackungsmaterial).

Qualifikation: - Angelernte Arbeiter, auch nichtdeutsche Arbeitnehmer mit einfachen deutschen Sprachkenntnissen.

2. Instandhaltungsfachkräfte oder Vorarbeiter nach entsprechender Unterweisung, mit Betriebserfahrung.

Aufgaben:
- Behebung von komplizierten Störungen,
- Reparatur- und komplexe Wartungsaufgaben, Messerwechsel bei Verschleiß.

Qualifikation:
- Schlosser, Elektriker oder spezielle, betriebsorientierte Qualifikation.

Bei der Bedienung durch Fachkräfte der Instandhaltung oder Personen mit langjähriger Betriebserfahrung kann von einem technisch und fachspezifisch ausreichenden Wissensstand ausgegangen werden. Bei angelernten Arbeitskräften ist ein ausreichender Wissensstand jedoch nicht unbedingt vorauszusetzen.

- 2 -

Abb. 15: Eine Zielgruppenbestimmung (Auszug)

- 2 -

B. Nach den bisherigen Beobachtungen hat häufig falscher Materialeinsatz dazu geführt, daß an der Maschine Störungen aufgetreten sind. Hier müssen Maßnahmen getroffen werden, damit die Anlage nur mit *unkaschiertem* Material beschickt wird. Kaschiertes Material kann diese Maschine *nicht* verarbeiten.

C. Ferner haben die laufenden Beobachtungen ergeben:

Es kann nicht davon ausgegangen werden, daß die Funktion des ██████████ jedem Bediener bekannt ist.

Es kann nicht davon ausgegangen werden, daß jeder Bediener bereits Erfahrungen mit dieser Verpackungsmaschine hat.

Es kann nicht davon ausgegangen werden, daß alle Bediener der deutschen Sprache ohne Einschränkung mächtig sind.

Es muß vielmehr davon ausgegangen werden, daß nicht immer dieselben, sondern gelegentlich auch wechselnde Arbeitskräfte diese Maschine bedienen.

D. Demnach sind als Bediener in der Betriebsanleitung zu berücksichtigen:

Zielgruppe 1: - angelernte Bediener mit überwiegend Ver- und Entsorgungsaufgaben
>>>Kapitel 1 bis 6, Kapitel 9.

- Zielgruppe 2: - Instandhaltungsfachkräfte oder Vorarbeiter nach entsprechender Unterweisung
>>>Kapitel 7 und 8, Kapitel 10.

- 3 -

Kein Zweifel – viele Unternehmen haben diese Produktrisiken erkannt. Viele Hersteller scheuen jedoch den Aufwand für eine → Gefährdungsana-

...erinnert stark an den Vogel Strauß, der den Kopf in den Sand steckt, damit ihn keiner sieht...

lyse, wie sie das Gerätesicherheits-Gesetz für Maschinen zwingend vorschreibt. Dabei ist diese Pflichtübung inzwischen leicht zu erledigen. [24] Damit nun niemand merkt, daß die Gefährdungsanalyse eingespart wurde, ergänzt man die Angabe des *bestimmungsgemäßen Gebrauchs* durch den lapidaren Satz: *Jede andere Verwendung ist untersagt.*
Das ist bei der Rechtsprechung des Bundesgerichtshofs schon mehr als mutig.

Instruktionstiefe

Eine weitere wichtige Voraussetzung dafür, daß die Zielgruppe versteht, was sie soll, heißt: die Instruktionstiefe muß stimmen.
Man mag es kaum glauben, aber viele Betriebsanleitungen sind deshalb unverständlich, weil sie den Anwender mit Informationen überhäufen. Dabei handelt es sich oft um Informationen, die für den Anwender hilfreich sein mögen, aber nicht zu dieser Stelle und nicht in dieser Dichte.

Die richtige Instruktion zum richtigen Zeitpunkt

In fast jeder Betriebsanleitung für Maschinen können Sie umfangreiche Wartungshinweise im Abschnitt für die normale Bedienung finden. Das ist deshalb unsinnig, weil Wartungshinweise an dieser Stelle nicht gebraucht und auch nicht gesucht werden. Von Ölstandskontrollen mal abgesehen.
Hier kommt es darauf an, die gesamten Instruktionen in ein didaktisches Konzept einzubinden. Dieses didaktische Konzept entspricht der *inneren* Gliederung einer Betriebsanleitung.
Das heißt: → bestimmungsgemäßer Gebrauch berücksichtigt nicht nur die vom Hersteller vorgesehene Nutzung des Produkts. Bestimmungsgemäßer Gebrauch berücksichtigt auch die vom Hersteller vorgesehene Zielgruppe. Deshalb müssen die Instruktionen in der Betriebsanleitung auch so gegliedert sein, wie die Zielgruppe diese benötigt und verarbeitet.

Ein Beispiel: Kein Fahrlehrer wird seinem Fahrschüler in einer kritischen Situation etwas über den Reibungskoeffizienten der Reifen auf nassem Kopfsteinpflaster erzählen. Seine situationsbezogene Instruktion wird lauten: Sicherheitsabstand zum vorausfahrenden Fahrzeug einhalten. Dann wird der Fahrlehrer den Begriff *Sicherheitsabstand* erklären. Mehr wäre jetzt zuviel und würde den Fahrschüler überfordern. Mehr über den Reibungskoeffizienten der Reifen wird der Fahrschüler bestenfalls im theoretischen Unterricht erfahren. Auch deshalb, weil dieser Aspekt im Lehrbuch (wenn überhaupt) nur im Anhang behandelt wird. Dasselbe gilt in einer Betriebsanleitung für alle Instruktionen, die mit der Nutzung des Produkts nicht in direktem Zusammenhang stehen.

Vorsicht: die meisten Betriebsanleitungen sind für mehrere, unterschiedliche Zielgruppen bestimmt

Ein wichtiger Gesichtspunkt muß hier noch erörtert werden. Nicht jedes Kapitel einer Betriebsanleitung ist für den *normalen* Anwender bestimmt. Der Anleitungsteil zum Betreiben des Geräts wendet sich eindeutig an den Bediener. Dagegen ist der Wartungsteil oft dem speziell geschulten Personal mit besonderen Kenntnissen und Erfahrungen bestimmt. Auch beim Kapitel „Rüsten“ im Sinne der EG-Richtlinie Maschinen ist nicht immer der Bediener gemeint.

Das heißt: mache Betriebsanleitungen richten sich an mehrere, unterschiedliche Zielgruppen. Dann muß die jeweils angesprochene Zielgruppe zu Beginn des betreffenden Kapitels klar genannt werden, z.B.:

> Das Kapitel *Wartung* richtet sich nur an Personen, die durch den Hersteller oder den Betreiber in den erforderlichen Wartungsarbeiten geschult wurden und ihre Befähigung in einer Sachkundeprüfung nachgewiesen haben.

3.1.3 Die Normen recherchieren

Jeder Hersteller muß die für seine Produkte relevanten Normen, EG-Richtlinien und Gesetze kennen. Mehr zu EG-Richtlinien und Gesetzen siehe Kapitel 2.1.1 und Kapitel 5. Einen Auszug aus den für die Technische Dokumentation wichtigen Normen zeigt Abb. 66, Seite 199 ff.
Normen recherchieren ist ein hartes Brot. Aber unumgänglich für jeden Hersteller – nicht nur dann, wenn er (oder sein → Bevollmächtigter) die CE-Kennzeichnung an seinem Produkt anbringen will. Wichtig sind einerseits Normen, die auf die Konstruktion einwirken, andererseits solche, die zum Betreiben wichtig sind. Sie sollen unter anderem für den Anwender den gefahrlosen Umgang mit dem Produkt sichern helfen. In den letzten Jahren wurden viele bestehende Normen um wesentliche Bestimmungen zur Betriebsanleitung erweitert[11]. Andere Normen befassen sich ausschließlich mit der Betriebsanleitung für ein bestimmtes Produkt[12]. Deshalb ist die Bediensicherheit ein wesentlicher Aspekt bei der Normenrecherche. [*1*]

Normen sind jedoch dann verbindlich, wenn...

Eines soll klar gesagt werden: niemand ist verpflichtet, Normen anzuwenden. Normen sind lediglich Empfehlungen, und deren Anwendung ist freiwillig. Verbindlich sind jedoch solche Normen, auf die eine Rechtsvorschrift Bezug nimmt[13]. Oder solche Normen, deren Einhaltung zwischen Geschäftspartnern vereinbart wurde.
Allerdings gelten Normen als Stand der Technik. Das heißt: wenn der Hersteller keine Normen anwendet, dann muß er im Einzelfall (vielleicht sogar im Produkthaftungsprozeß) nachweisen, wie er die gleiche Sicherheit durch andere Maßnahmen erreicht hat. Das dürfte dann besonders schwierig

---

[11] *z.B. DIN EN 1012 (Kompressoren und Vakuumpumpen)*
[12] *z.B. DIN 24403 (Betriebsanleitungen für Zentrifugen)*
[13] *z.B. GSG oder Allgem. Verwaltungsvorschriften zum GSG*

sein, wenn der Hersteller die betreffenden Normen nicht einmal kennt.

Normen sind für den Hersteller spätestens dann bindend, wenn er beweisen muß...

Weitreichende Überlegungen sind bei Produkten anzustellen, die der CE-Kennzeichnungs-Pflicht unterliegen. [*15*][*16*]

Für Normen-Recherchen gibt es kein allgemeingültiges Rezept. Deshalb will ich aus eigener Erfahrung berichten. Meine ersten Recherchen liegen zwanzig Jahre zurück und brachten aus heutiger Sicht eher zufällige Ergebnisse.

Wie gehe ich heute bei einer Recherche vor?

Zuvor habe ich mich mit der betreffenden Maschine anhand von Prospektmaterial und Produktinformationen vertraut gemacht. Ganz hervorragend eignet sich die Betriebsanleitung als Basisinformation, doch genau die ist in den wenigsten Fällen vorhanden. Eher steht schon mal ein Video vom Einsatz der Maschine zur Verfügung. Sehr hilfreich ist es, wenn der Hersteller schon von Anfang an die Normen nennt, die er anwendet. Allerdings sind die Aussichten hier meist schlecht. Erstens will der Hersteller ja mal sehen, wie gut der beauftragte Technikautor recherchieren kann, und zweitens schweigen sich manche Hersteller auch deshalb schamhaft aus, weil Sie selbst die Grundnormen in vielen Fällen kaum vom Hörensagen kennen.

Bessere Arbeitsbedingungen haben da Technikautoren, die durch ihre Doppelfunktion als Technikautor/Konstrukteur im Normenbereich zuhause sind.

Eine Normen-Recherche erfordert die Kombinationsgabe eines Detektivs

Mein regelmäßiger Tatort ist die DIN-Bibliothek des Beuth-Verlages in Berlin. Dort sind für den Interessierten nationale und internationale Normen sowie einschlägige Vorschriften und Regelwerke zugänglich.

Im Stichwortverzeichnis der Deutschen Normen für technische Regeln forsche ich dann nach den Normen, die für das betreffende Gerät und dessen weiteres Umfeld gelten. Diese Normen müssen studiert und auf ihren Geltungsbereich untersucht werden.

Ein wichtiger Vermerk für den Fundort anderer Normen ist das Kapitel „Hinweis auf weitere Normen" am Schluß (fast) einer jeden Norm. Wenn in der betreffenden Norm mitgeltende Normen genannt sind, dann werden diese nach demselben Verfahren überprüft.
Besondere Aufmerksamkeit erfordern die Angaben zu Sicherheitsanforderungen und die Anforderungen an die Betriebsanleitung.
Diese Recherche-Methode ist nur eine von mehreren möglichen. Die Qualität des Recherche-Ergebnisses hängt immer auch davon ab, wie gut der Recherchierende das Produkt kennt, ob er den richtigen Biß hat und auch nach Stunden noch engagiert genug ist, dem letzten vagen Stichwort nachzuspüren.
Eine bequemere Recherche mit schnelleren und besseren Ergebnissen sollte man mit einem rechnergestützten Verfahren erwarten können. Aber davon wurde ich schon oft enttäuscht.

...manches rechnergestützte Verfahren ist noch entwicklungsbedürftig

Zwar zeigt das System auf ein bestimmtes Suchwort eine Fülle von Normen an, die man dann einsehen und überprüfen kann. Aber hier steckt der Teufel im Detail. Der Suchwortbestand ist begrenzt und dem Recherchierenden nicht ohne weiteres bekannt. Wenn er nicht exakt das Suchwort kennt, hinter dem sich der gesuchte Bereich verbirgt, dann antwortet das System auf alle Suchwörter: „nicht vorhanden". Und das bringt auch einen alten *Hasen* schon mal zum *Knurren*!
So habe ich inzwischen eine Methode entwickelt, bei der sich eine Zwangsläufigkeit der Recherche-Strecke ergibt. Dadurch bekomme ich eine nahezu vollständige Übersicht über alle zutreffenden Normen und Vorschriften und die Wahrscheinlichkeit, mich zu verrennen, hält sich in vertretbaren Grenzen. Das Vehikel heißt: ICS – Klassifikation.
Doch vorab einige Informationen zum DIN-Katalog und zur ICS – Klassifikation.
Der DIN-Katalog enthält nicht nur technische Re-

geln in Form von Normen, sondern auch Veröffentlichungen anderer Regelsetzer und rechtsverbindliche Vorschriften (Gesetze, Verordnungen, Unfallverhütungsvorschriften usw.) mit technischen Festlegungen.

Die ISO-Normen-Klassifikation

Seit der Europäische Binnenmarkt funktioniert, ist ein Hersteller zunehmend gezwungen, nicht nur nationale, sondern auch → harmonisierte Normen anzuwenden. Oder auch solche, die im → *Verzeichnis Maschinen* aufgelistet sind. Nur dann kann sich der Hersteller auf die sogenannte → Beweisvermutung stützen. [*15*][*16*] Deshalb wurde durch die ISO eine Internationale Normenklassifikation geschaffen: Die *International Classification of Standards*, kurz die ICS-Klassifikation. Sie liegt seit 1992 vor und wird nach und nach von den nationalen Normeninstitutionen in deren Kataloge und Informationsdienste eingearbeitet.

An die Stelle der früheren DIN-Sachgruppen tritt jetzt die ICS-Klassifikation. Sie wird auf die Titelseite der DIN-Norm gedruckt und ersetzt damit die alte Dezimalklassifikation. Die ICS-Klassifikation ist in Hauptgruppen und Untergruppen eingeteilt.

Der DIN-Katalog ist in einen Sachteil und einen Registerteil gegliedert. Der *Sachteil* bildet den Hauptbestandteil des DIN-Katalogs. Er enthält die Informationen zu den einzelnen Normen und technischen Regeln und ist systematisch nach ICS-Gruppen geordnet. Damit sind alle zu einem bestimmten Sachverhalt vorhandenen technischen Regeln an einer Stelle zu finden.

Der *Registerteil* ermöglicht den gezielten Zugriff auf die einzelnen Dokumente im Sachteil. Es gibt sowohl ein Nummernregister als auch ein Schlagwortregister. Das Nummernregister enthält alle Regeln nach Nummern geordnet; das Schlagwortregister ist nach deutschen Schlagwörtern alphabetisch angelegt.

...zwei Recherche-Verfahren

Damit ergeben sich zwei Möglichkeiten einer Recherche:

1. Die Recherche nach einem bestimmten Dokument
2. Die Recherche nach mehreren Dokumenten zu einem Themenkomplex.

Beide Verfahren werde ich hier hier kurz erläutern.

1. Bei der Suche nach einem bestimmten Dokument beginne ich mit dem Schlagwortregister. Zu jedem Dokument sind mehrere Suchbegriffe vergeben. Diese Suchbegriffe bilden in ihrer Gesamtheit das Schlagwortregister. Es ist alphabetisch geordnet und verweist auf eine oder mehrere ICS-Gruppen. Mit dieser so gefundenen Nummer suche ich die entsprechende ICS-Gruppe im Sachteil und finde dann meist die entsprechenden Dokumente. Wie gesagt – diese Methode ist vom Zeitaufwand her günstig, wenn man nur *ein* Dokument sucht.
2. Bei der Suche nach allen verfügbaren Dokumenten zu einem abgegrenzten Themenkomplex beginne ich mit der ICS-Klassifikation. [*17*] Das ist bei einer Recherche zur CE-Kennzeichnung der Fall. Ich erläutere dieses Verfahren an einer Normen-Recherche zu einem gasbeheizten Schmelzofen.

Zuerst die Eingangsfragen klären

Klären Sie zunächst einige vorbereitende Fragen:

1. Ist der Recherchegegenstand eine Maschine?
   Ja, also siehe: Maschinenbau[14]
2. Sind in der Maschine Steuerungselemente integriert?
   Ja, also siehe: Prozeßsteuerung, Meß-, Steuer- und Regelungstechnik
3. Welches Material wird geschmolzen?
   Kupfer, also siehe: Metall

---

[14] *Diese Frage ist hier nicht nach der Maschinen-Definition im Sinne der EG-Richtlinie Maschinen zu beantworten.*

Die sich daraus ergebenden Stichwörter liefern die ICS-Gruppen und Untergruppen.
Die entsprechenden Normen finden sich im Normenverzeichnis, das nach den ICS-Gruppen und Untergruppen geordnet ist.
Damit stoßen Sie zwangsläufig auf die ICS-Untergruppen 25.040.40, 25.180.2, 27.060.20 und 77.020.00.
In diesen Untergruppen sind die spezifischen Normen genannt, die für unseren Schmelzofen zutreffen. Außerdem sind oft branchentypische Arbeitsblätter und Unfallverhütungsvorschriften genannt.
Die so ermittelten Normen überprüfen Sie auf ihren Geltungsbereich. Damit erhalten Sie eine Übersicht der Normen, die für den Schmelzofen zutreffen. Nun beginnt für den Hersteller die Feinarbeit – die Überprüfung, ob alle entsprechenden Spezifikationen eingehalten werden.
Wie bereits erwähnt – diese Methode bietet sich an, wenn Sie nicht nur ein bestimmtes Dokument suchen, sondern zu einem Themenkomplex möglichst alle dazugehörigen Normen erfassen wollen.
Den oben erwähnten Suchbaum zeigt Abb. 16, Seite 70.

Begriffsverwirrung ist programmiert

Zum Abschluß dieses Kapitels ist ein wichtiger Hinweis angebracht. Die rege Normentätigkeit bringt es offenbar mit sich, daß mehrere Normenausschüsse unabhängig voneinander mit demselben Thema befaßt sind. Nur so ist es zu erklären, daß technische Begriffe gleicher Bedeutung innerhalb desselben Normenbereichs nicht identisch sind[15]. Und dies führt bei einem Unerfahrenen zur beträchtlicher Verwirrung. Ebenso werden in Normen gelegentlich solche Normen zitiert, die bereits vor Jahren zurückgezogen wurden[16]. Die Beispiele zei-

---

[15] *DIN EN 292, Teil 1: „Risikobewertung"*
DIN EN 414: „Abschätzung des Risikos"
[16] *z.B. werden Schaltzeichen nach DIN 24300 (zurückgezogen 1978) zitiert in DIN ISO 1219 (Entwurf), Teil 1 (11/93) und Teil 2 (12/93) „Fluidtechnik, graphische Symbole und Schaltpläne"*

gen, daß hier ein gutes Gespür unerläßlich und ein gesundes Mißtrauen durchaus angebracht sind.
Die Recherche muß sich auch auf das Produktdesign erstrecken, denn für viele Produkte gibt es dazu besondere Vorschriften. Vielleicht hat das der Konstrukteur ja schon berücksichtigt, aber das 4-Augen-Prinzip gilt auch hier. Außerdem sollte der Technikautor ohnehin schon in die Entwurfsphase des Produkts mit einbezogen werden.
Dies ist besonders dann wichtig, wenn er nicht selbst der Konstrukteur ist. Ich habe Bedienfronten bei Geräten gesehen, die mit anwenderorientiertem Design nichts mehr zu tun hatten.

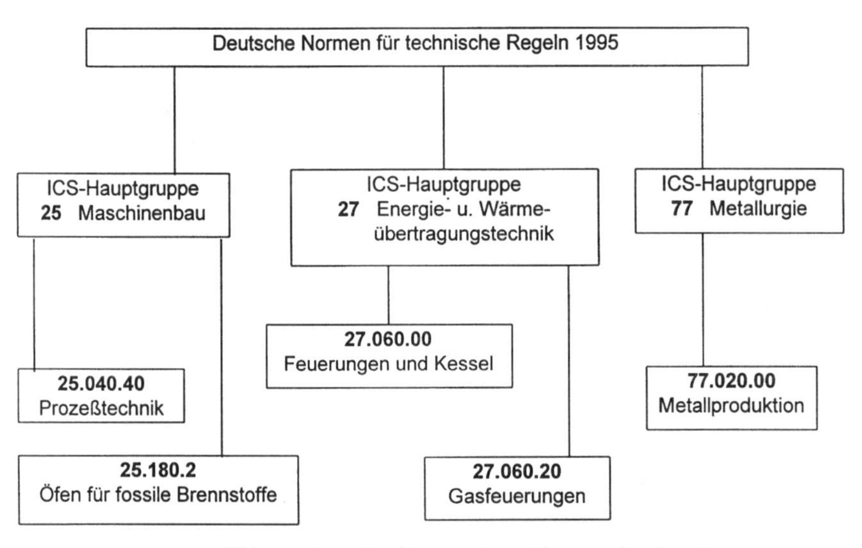

Abb. 16: Der Suchbaum einer Normen-Recherche

Da waren Schalter an der Bedienfront einfach irgendwo angeordnet, weil die rückseitige Platine oder ein Schalter gerade dahinpaßte.
In extremen Fällen ergab sich sogar eine Bedienlogik von rechts nach links, die dem Wahrnehmungsmuster abendländischer Anwender fremd und unzumutbar ist. Ein solches Beispiel zeigt Abb. 17, Seite 71 (nach Kösler, 1990).

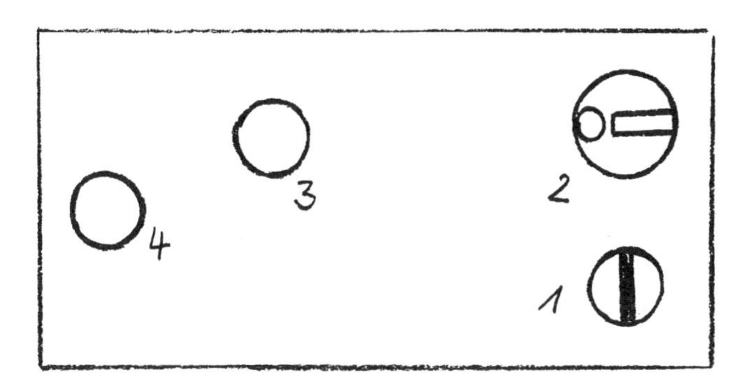

Abb. 17: Ein anwenderfremdes Design

3.1.4 Die Gesamtabbildung erstellen

Früher war die Meinung verbreitet, der Anwender brauche keine Gesamtabbildung des Geräts, weil er dieses ohnehin vor sich sehe. Ich könnte dem nur bedingt zustimmen, wenn alle Bedienteile des Geräts mit Positionsnummern beklebt wären. Doch Spaß beiseite – da wir Bedienteile einheitlich benennen müssen, ist eine Gesamtabbildung unverzichtbar. Der Anwender wird uns dankbar sein. Für's erste genügt uns eine Skizze.

Eine Handskizze des Geräts genügt für den Anfang

Bis zur endgültigen Gesamtabbildung sind erfahrungsgemäß viele Änderungen erforderlich. Oft müssen die Begriffe der Bauteile, der Bedienteile und auch die Positionsnummern geändert werden. Die Änderungen ergeben sich sowohl durch mehrere Versionen der Gerätebeschreibung, der Funktionsbeschreibung und durch die Beschreibung der Bedienschritte im Quelltext.

Ich stelle hier die erste Skizze (Abb. 18, Seite 72) und die endgültige Gesamtabbildung (Abb. 19, Seite 73) einander gegenüber, damit Sie die beiden Versionen vergleichen können.

Weisen Sie allen *Bauteilen*, die für die Gerätebeschreibung wichtig sind (siehe Kapitel 3.1.7.2, Seite 84), eine Positionsnummer zu. Da Sie in der Funktionsbeschreibung (siehe Kapitel 3.1.7.3, Seite 85)

Wichtig: jede Positionsnummer nur einmal verwenden

für die *Bedienteile* ebenfalls Positionsnummern benötigen, können Sie diese gleichzeitig festlegen. Beginnen Sie mit dem Numerieren der Positionen in der Gesamtabbildung oben in der Mitte (bei *12 Uhr*) mit *1* und zählen Sie im Uhrzeigersinn weiter. Achten Sie darauf, daß jede Positionsnummer nur einmal vorkommt! Erklären Sie die Bedeutung der Positionsnummern in einer Legende. Damit ist die exakte Zuordnung der Begriffe gesichert. Voraussetzung ist aber, daß Sie immer dieselben Begriffe aus der Legende verwenden.
Benennen Sie Bauteile und Bedienteile eindeutig. Dabei sind Abweichungen von den Begriffen in der Ersatzteilliste dann hinzunehmen, wenn dies dem besseren Verständnis der Zielgruppe dient.
Es ist nicht immer einfach, die Gesamtabbildung mit fortlaufenden Positionsnummern zu versehen. Dies ist besonders dann schwierig –

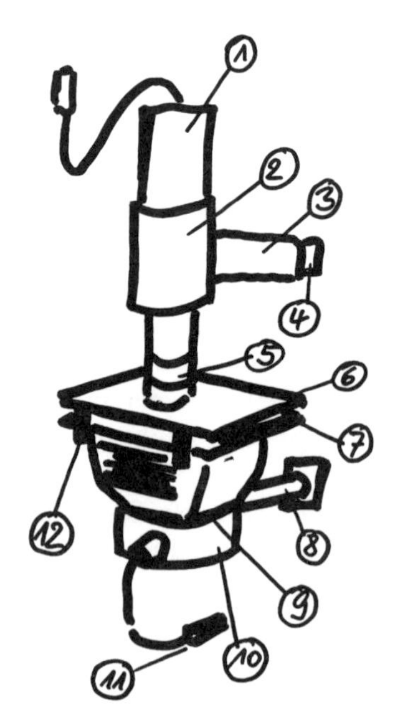

Abb. 18: Erste Skizze der Gesamtabbildung

1. wenn größere Anlagen mit mehreren Bedienseiten abgebildetet werden sollen,
2. wenn der Technikautor viele Bedienteile nach Funktionsgruppen zu unterscheiden möchte,
3. wenn Bau- oder Bedienteile von sehr unterschiedllichen Größen dargestellt werden müssen.

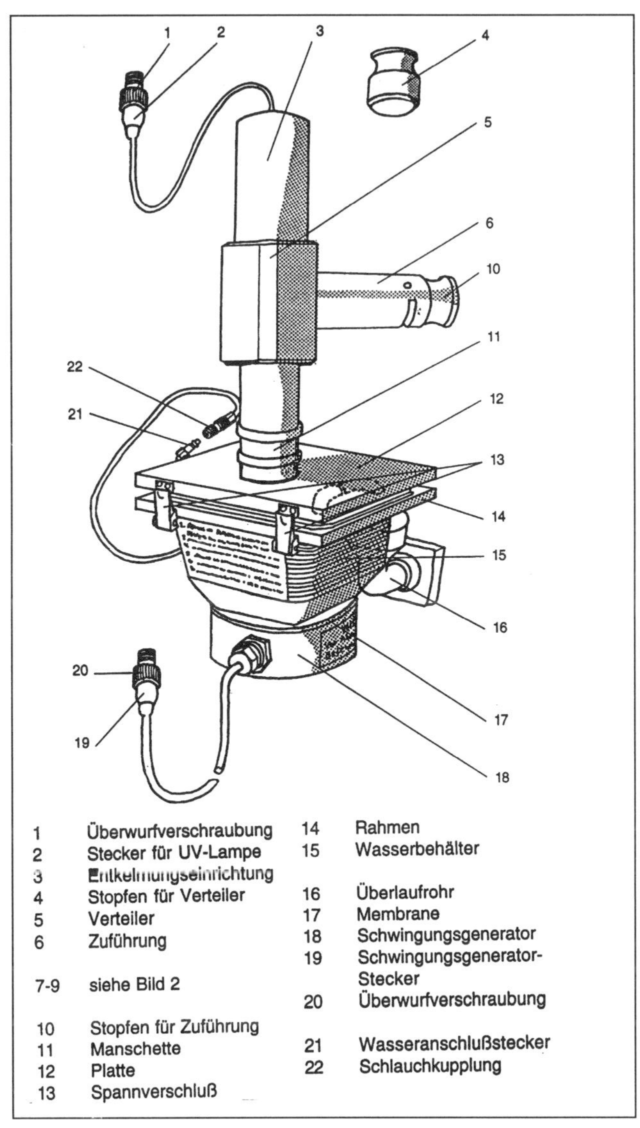

Abb. 19: Die endgültige Gesamtabbildung

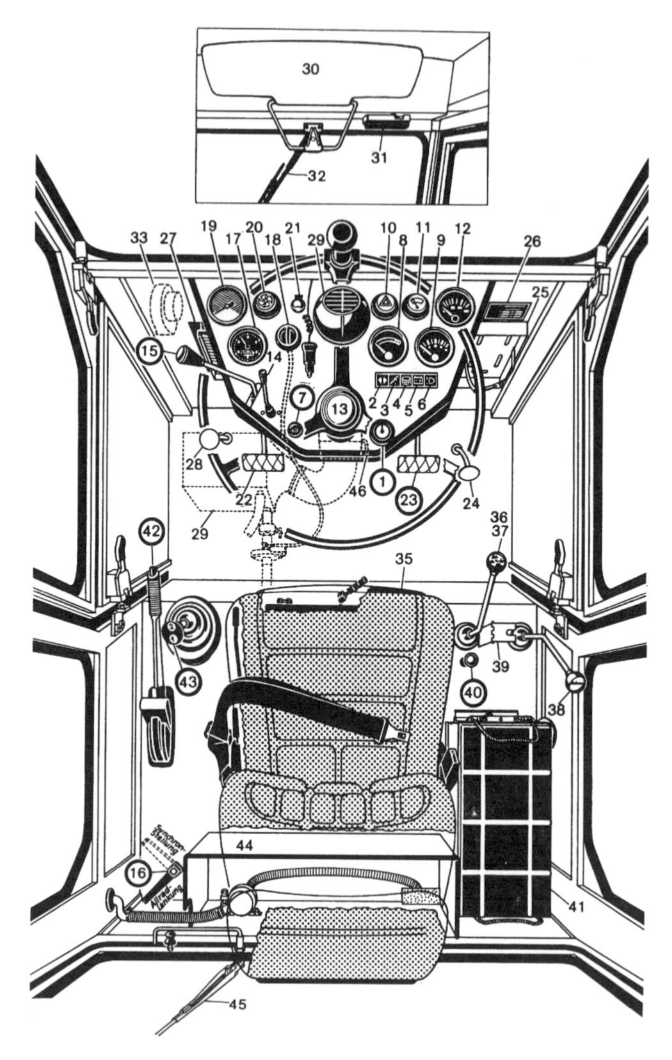

Abb. 20: Eine Gesamtabbildung mit Funktionsgruppen

Es gibt keine Universallösung, die für alle Geräte und Maschinen gilt. Aber vielleicht hilft Ihnen eines der folgenden Verfahren:

Zu 1) Erstellen Sie keine Gesamtabbildung, sondern jeweils eine eigene Abbildung zu Gerätebeschreibung und Funktionsbeschreibung. Stellen Sie

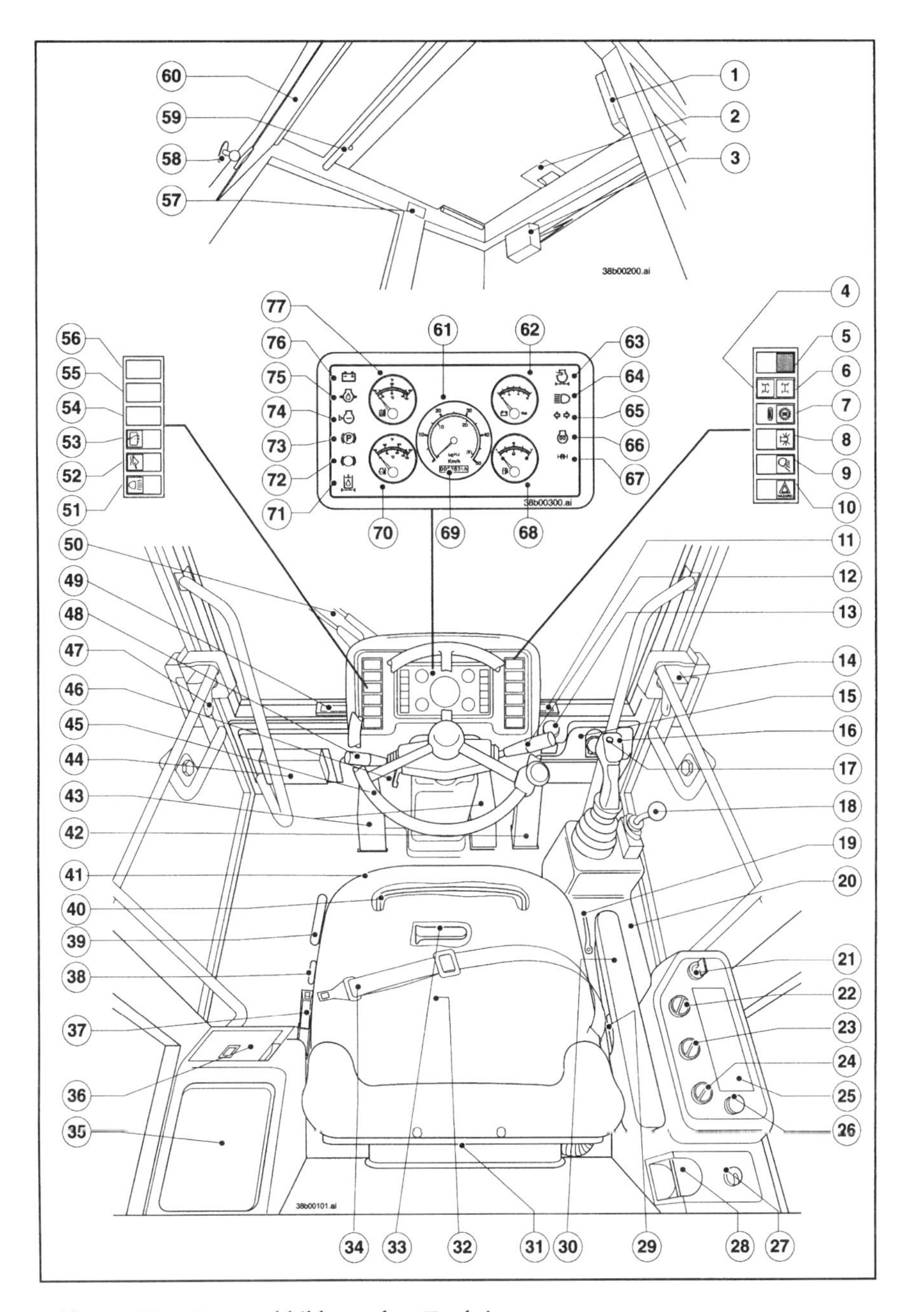

Abb. 21: Eine Gesamtabbildung ohne Funktionsgruppen

jede Bedienseite separat dar. Selbstverständlich darf trotzdem jede Positionsnummer nur einmal vorkommen.

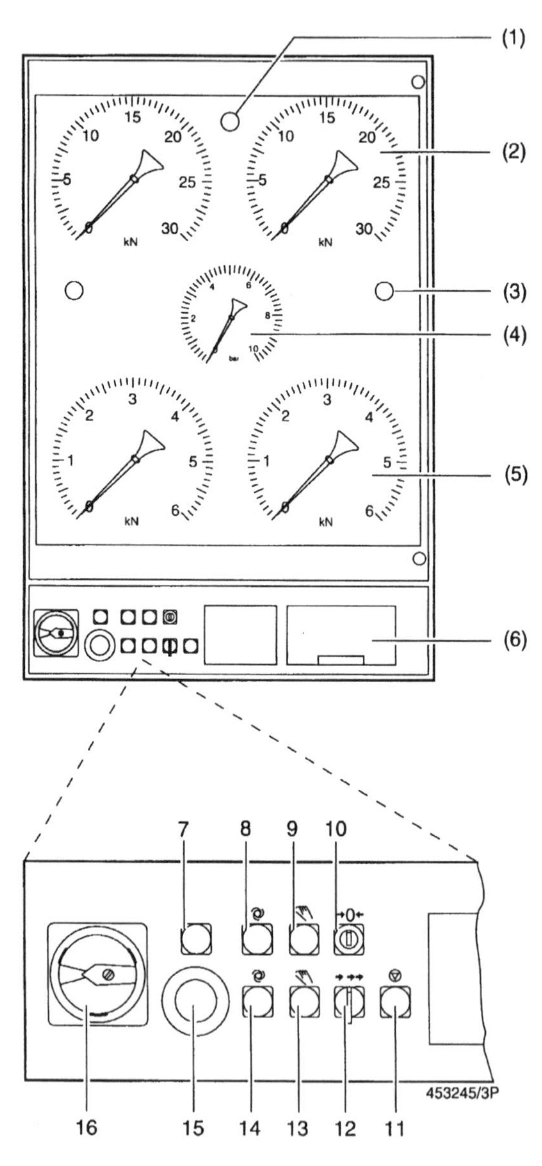

Abb. 22: Gesamtabbildung mit Ausschnittvergrößerung

Zu 2) Versuche dieser Art haben sich in vielen Fällen als untauglich erwiesen. Der Anwender sucht nicht nach Funktionsgruppen, weil er diese garnicht kennt. Hier hat die Erfahrung gezeigt, daß letzten Endes eine durchgehende Numerierung von Positionsnummern das schnellste Finden ermöglicht. Wenn es unbedingt sein muß, dann sollten Sie eher eine versetzte Nummernfolge akzeptieren. Die Abb. 20 auf Seite 74 zeigt das beschriebene Problem und Abb. 21 auf Seite 75 eine akzeptable Lösung.
Zu 3) In diesem Fall hat es sich bewährt, die kleinere Bedieneinheit als blow up darzustellen. Das heißt, die kleinere Bedieneinheit wird als Ausschnittvergrößerung hervorgehoben. Ein Beispiel zeigt Abb. 22, Seite 76.

Die Gesamtabbildung sollte so dargestellt werden, daß die tatsächliche Größe des Geräts oder des Be-

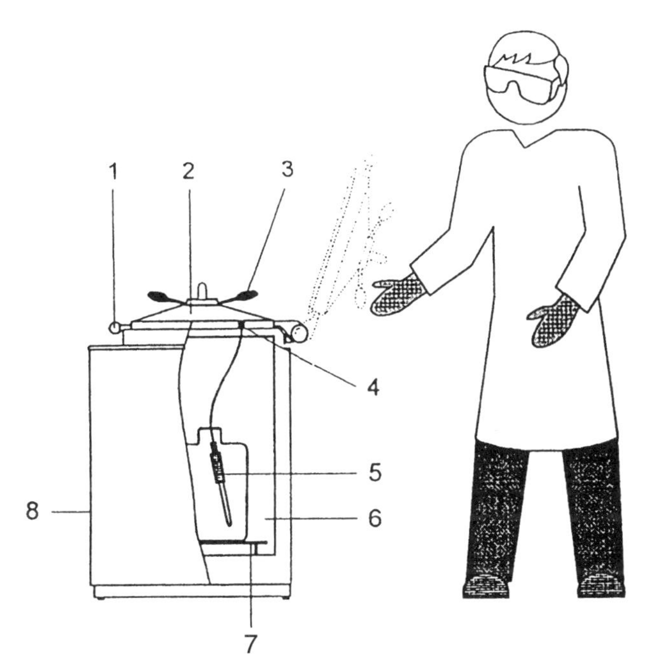

Abb. 23: Gerät mit Anwender als Größenvergleich

dienteils zu erkennen ist. Dazu können Sie das Gerät zusammen mit einem Menschen oder mit einer Skala darstellen. Die Abb. 23, Seite 77 zeigt ein Beispiel. Bei Abb. 20 und Abb. 21 ist dies nicht erforderlich.
Denken Sie daran, die Gesamtabbildung so anzuordnen, daß diese nach links aus der Betriebsanleitung ausfaltbar ist. So hat der Anwender die Gesamtabbildung immer im Blick (siehe Kapitel 3.1.8, Seite 95).

3.1.5 Legende und Glossar erstellen

In der Legende werden Begriffe ein für allemal festgelegt und dann konsequent beibehalten. Fachbegriffe und unvermeidbare Fremdwörter werden im Glossar erklärt.
Wenn Sie mit *Winword 6.0* arbeiten, dann sollten Sie beim Erstellen der Legende folgendes Verfahren ausprobieren:

1. Legen Sie die Begriffe fest
2. Geben Sie jeden einzelnen Begriff so ein, wie dieser im Anleitungstext erscheinen soll; z.B. *Stecker (1)*
3. Speichern Sie diesen Begriff unter dem AutoText-Namen *1* ab.

Nun brauchen Sie die Begriffe nur noch nach dem Eingeben der Positionsnummer mit *F3* aufzurufen. Außerdem haben Sie immer identische Begriffe und dieselbe Schreibweise.

3.1.6 Die Gliederung festlegen

Die Gliederung sollten Sie erst dann erstellen, wenn Sie die Normen-Recherche durchgeführt und ausgewertet haben. Stellen Sie zunächst alle Kapitel zusammen, die in der Betriebsanleitung enthalten sein müssen. Bei Maschinen sind diese weitgehend fest-

gelegt.[17] Aus der Gliederung entwickeln Sie später das Inhaltsverzeichnis.
Das Inhaltsverzeichnis sollte mit dem lernlogischen Ablauf der Betriebsanleitung möglichst identisch sein. Dabei sind jedoch Ausnahmen denkbar. DIN V 8418 stellt die zweckmäßige Gliederung in das Ermessen des Technikautors.[18] Das bedeutet, daß der Technikautor auch hier die individuellen Begleitumstände bei der Nutzung eines Produkts berücksichtigen muß.
Bei Maschinen und Anlagen, die vor dem erstmaligen Inbetriebnehmen umfangreiche Vorbereitungen erfordern (z.B. Transport und Montage), wird deutlich, worum es geht. Diese Vorgänge sind oft nur ein einziges Mal nötig und für den Anwender ohne Bedeutung. Deshalb können diese vorbereitenden Aufgaben im Anhang abgehandelt werden. Dasselbe gilt für Demontage und Entsorgung. Auch die Technischen Daten interessieren den Anwender meist nicht. Im Falle des Falles kann er im Inhaltsverzeichnis nachsehen, wo diese zu finden sind.
Die nachstehende Gliederung soll als Beispiel dienen.

Benutzerhinweise
Sicherheitshinweise
Kurzanleitung
Gerätebeschreibung
Funktionsbeschreibung
Normalbetrieb
    In Betrieb nehmen
    Bestimmungsgemäßer Gebrauch
    Außer Betrieb setzen
Wartung
Störungen und deren Beseitigung
Glossar

---

[17] *DIN EN 292, Teil 2*
[18] *DIN V 8418, Abschnitt 4, Abs. 1*

Technische Daten
Ersatzteile
Bestimmungen für den Betreiber

Transport, Montage, Demontage
  Elektrischer Anschluß
  Hydraulischer Anschluß
  Schaltpläne, Hydraulikpläne
    Erstmaliges → Inbetriebnehmen
Gewährleistung.
Mehr zum Inhaltsverzeichnis finden Sie *unter Informationen gruppieren*, Seite 128.

Das Wichtigste aus Kapitel 3.1 bis 3.1.6

- Sammeln Sie alle verfügbaren Fakten bevor Sie beginnen.
- Mit einer gründlichen Vorbereitung kommt Ihr Projekt zügig voran.
- Wichtig sind die Zielgruppenbestimmung und die Normen-Recherche.

> Jetzt schreiben wir die Basistexte für die einzelnen Kapitel. Bevor es dann weitergeht, müssen diese gründlich auf ihre Richtigkeit geprüft werden.

3.1.7 Den Quelltext schreiben (Textversion 1)

Bevor wir jetzt mit dem Anleitungstext beginnen, möchte ich noch jenen Zeitgenossen eine Anmerkung widmen, die Betriebsanleitungen für absolut überflüssig halten.
„Wozu überhaupt eine schriftliche Betriebsanleitung? Bei uns läuft das ganz anders: Wir setzen uns mit den Monteuren zusammen, besprechen das ge-

nau, jeder macht sich Notizen und führt dann beim Kunden eine mündliche Unterweisung durch. Und zwar direkt an der Maschine – das ist viel informativer. Betriebsanleitungen liest sowieso keiner".
Ausnahmsweise nehme ich diese Argumentation einmal ernst und demonstriere Ihnen, was dann passiert: Die mündliche Unterweisung (Unterweisungs-Kommödie in 3 Akten), siehe Seiten 82/83.

Nachdem die Untauglichkeit von ausschließlich mündlichen Unterweisungen klar sein dürfte, können wir uns jetzt wieder der Betriebsanleitung zuwenden.
Der Quelltext ist nur ein vorbereitender Text für die Betriebsanleitung. Im Quelltext beschreibt der Technikautor das Gerät und die Bedienvorgänge so, wie der diese selbst verstanden hat. Das ist gewissermaßen sein roter Faden bis zur Endfassung.
Je exakter der Quelltext die sachlichen Zusammenhänge darstellt, desto geringer ist der Zeitaufwand bis zur fertigen Betriebsanleitung. Da darauf alle weiteren Textversionen aufbauen, muß der Quelltext unbedingt von sachkundigen Leuten geprüft werden.

Zuerst muß der Technikautor selbst verstehen

Da es beim Quelltext noch nicht auf die Sprachqualität ankommt, können Sie in dieser Phase flott mit einem Banddiktiergerät arbeiten.
Übrigens: Wenn Sie sich jetzt bereits notieren, wo Bilder notwendig sind, dann verfügen Sie mit dem fertigen Quelltext über eine wichtige Information für das Layout (siehe Kapitel 3.1.8, Seite 95). Erstellen Sie sich eine Liste der erforderlichen Bilder und vermerken Sie, woher Sie diese bekommen können.

Erstellen Sie die Liste der Bilder jetzt

3.1.7.1 Benutzerhinweise

Die einleitenden Benutzerhinweise stehen am Anfang der Betriebsanleitung. Sie sollen den Anwender mit den grundsätzlichen Informationen zum

1. Akt: Der Verkäufer unterweist die Betriebsingenieure	***2. Akt: Der Betriebsingenieur unterweist die Meister***
Sie wissen, unsere Maschinen sind mobil und überall einsatzfähig. Das ist eine völlig neue Technik, Sie werden begeistert sein! Auch bei Ihnen sind unsere Maschinen im wechselnden Einsatz. Deshalb ist das Wichtigste, bevor die Maschine eingeschaltet wird: unbedingt Spannungswahlschalter auf die tatsächliche Spannung der Stromquelle einstellen.	Also, mal herhören. Wir haben viel Geld in diese Maschine investiert, weil die überall eingesetzt werden kann. Unterschiedliche Energiequellen - kein Problem, heißes Gerät! Übrigens, nicht vergessen: richtige Spannung einstellen, und zwar hier! Klar?
Als nächstes müssen unbedingt diese Zuleitungen hier entlüftet werden, so! Dann den grünen Knopf drücken und schon läuft die Maschine an, na also!!	Wenn der grüne Knopf gedrückt ist, läuft die Maschine an. Daß vorher diese Zuleitungen entlüftet werden müssen, ist ja wohl klar!
Jetzt wird der schwarze Hebel mit diesem Stift entriegelt, Hebel auf Stufe 3 stellen, Sie hören, wie das Aggregat hochfährt - na wunderbar! Sag ich doch, wie geschmiert!	Jetzt haben wir den Hebel hier entriegelt - Stift hier, klar? - auf Stufe 3 stellen - klar? Na bitte, kommt ja schon, das Ding läuft wie 'ne Biene; total geräuscharm, ist jetzt Vorschrift.
Ganz wichtig: Abwarten, bis am Drehzahlmesser genau 3000 Umdrehungen angezeigt werden und erst dann das Schüttgut zuführen.	Jetzt können wir auch schon das Schüttgut zuführen, aber erst, wenn hier 3000 Umdrehungen angezeigt werden, ist ja wohl klar, oder?
Und hier - ganz wichtig: hier der rote Knopf, das ist der NOT-AUS-Taster. Ich mache das jetzt nicht, denn sonst muß das Programm ganz neu hochgefahren werden, und das dauert über eine Stunde. Also, wie gesagt: NOT AUS nur im Notfall. Abschalten geht zwar so am schnellsten, (hahaha) aber dann geht 'ne Weile gar nix mehr	Und hier - weil wichtig und Vorschrift: der NOT AUS. Wenn der gedrückt wird, sind glatt 2 oder 3 Stunden im Eimer, weil dann das ganze Programm neu eingerichtet werden muß! Dann geht erstmal nix mehr - also Vorsicht! Noch was, Herrschaften: der NOTAUS ist kein Schnell-Abschalter (Höhöhö)!

Gerät vertraut machen. Dazu gehören auch der bestimmungsgemäße Gebrauch und die Zielgruppenbestimmung.

Nach DIN 31000 gehören zum bestimmungsgemäßen Gebrauch eines technischen Arbeitsmittels auch das Einhalten der Betriebs- und Instandhaltungsbedingungen sowie das Berücksichtigen von voraussehbarem Fehlverhalten.

3. Akt: Der Meister unterweist die Kundendienst-Monteure	**Welche Informationsverluste haben Sie festgestellt?**
Das is also hier der neue Hobel, schon davon gehört, was? - Dann kann ichs ja kurz machen! Die Maschine verträgt jede Energiequelle, Einstellen nicht vergessen.	
Maschine hier anschalten und entlüften - schon läuft sie! - Wir sind ja keine Anfänger!	
Hier entriegeln, mit Stift, auf 3 stellen.	
Dann Schüttgut drauf und abwarten bis hier 3000 sind.	
NOT AUS kennen wir ja alle: der Knopf zum schnellen Ausschalten. Aber nur bei Schichtende; die nächste Schicht fährt das Programm dann wieder hoch. Kann aber 'ne ganze Weile dauern - (Hihihi)!	

Abb. 24: Eine mündliche Unterweisung

Sehr wichtig für das weitere Schicksal einer Betriebsanleitung ist es, daß Sie den Anwender in diesem ersten Anschnitt zum Weiterlesen motivieren. Wenn er in dieser ersten Information auf Kauderwelsch und unverständliches Fachchinesisch stößt, dann ist es mit seiner Neugierde schnell vorbei. Der Anwender erwartet hier einen Einstieg, der ihm das Weiterlesen leicht macht.

Also: zeigen Sie Ihre Betriebsanleitung bereits hier von der besten Seite. Diese Motivation braucht der Anwender dringend, weil er schon im nächsten Kapitel mit den Sicherheitshinweisen konfrontiert wird.

✍ *Arbeitsanleitung*

Schreiben Sie ein Beispiel für Benutzerhinweise. Benutzen Sie als Arbeitsgrundlage die Zielgruppenbestimmung auf Seite 60. Die erwähnte Maschine dient zum Aufrichten und Verkleben von Verpackungskartons.
Ihr Beispiel soll erklären, an welche Zielgruppe(n) sich die Betriebsanleitung richtet und welche Vorkenntnisse zur Nutzung des Geräts erforderlich sind.
Zählen Sie die Kapitel auf, die für die jeweilige Zielgruppe gelten.
Geben Sie den bestimmungsgemäßen und bestimmungswidrigen Gebrauch an.
Erklären Sie Abkürzungen, die Sie in Ihrer Betriebsanleitung verwenden.
Machen Sie den Anwender auf das Glossar aufmerksam.
Vergessen Sie den Hinweis nicht, daß nur solche Personen die Maschine bedienen dürfen, die die Betriebsanleitung gelesen und verstanden haben.
Meine Empfehlung finden Sie in Lösung 1: Benutzerhinweise, Seite 181.

3.1.7.2 Gerätebeschreibung

Die Gerätebeschreibung soll dem Anwender den Aufbau einer Maschine oder eines Geräts erklären. Die Gerätebeschreibung enthält vorwiegend konstruktive Merkmale. Die Funktionen sollen davon (möglichst!) getrennt bleiben; sie werden in der Funktionsbeschreibung erklärt.
Die Abb. 25, Seite 85 zeigt eine Dampflokomotive mit der Bezeichnung der wesentlichen Bauteile. Er-

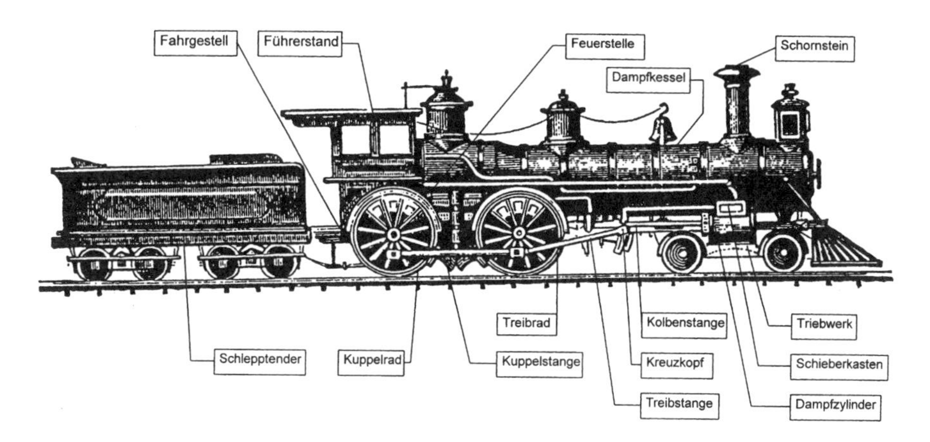

Abb. 25: Eine Dampflokomotive

stellen Sie für diese Dampflokomotive eine Gerätebeschreibung.

✍ *Arbeitsanleitung*

Ihr Text muß eine kurze und präzise Gerätebeschreibung enthalten. Daraus muß der Aufbau der Dampflokomotive verständlich sein.
Erstellen Sie zu Ihrer Gerätebeschreibung eine erste Skizze zur Gesamtabbildung.
Wenn Sie in der Gerätebeschreibung ein Bauteil erwähnen, dann setzen Sie die Positionsnummer in Klammern dahinter.
Meine Empfehlung finden Sie in Lösung 2: Gerätebeschreibung, Seite 182.

3.1.7.3 Funktionsbeschreibung

Die Funktionsbeschreibung soll dem Anwender die Funktion einer Maschine oder eines Geräts erklären. Im Gegensatz zur Gerätebeschreibung beschreibt die Funktionsbeschreibung vorwiegend *Funktionsprinzipien* und *Funktionsmerkmale*. Die Konstruktionsbauteile sollten nur dann einbezogen

Erklären Sie dem Anwender mit einfachen Worten, wie das Gerät funktioniert

werden, wenn dies aufgrund der Funktionseigenart zum besseren Verständnis dient.
Funktionsbeschreibungen haben eine bedeutende Aufgabe. Dadurch wird nicht nur die Produktinformation des Anwenders unterstützt, sondern auch das Situationswissen gefördert (siehe dazu Kapitel 2.1.2, Seite 30). Dies ist deshalb sehr wichtig, damit der Anwender bei Störungen oder in Notfällen sachkundig reagieren kann.
Ein unerwarteter Nutzen einer Funktionsbeschreibung wurde mir erst vor einiger Zeit bewußt. Einer meiner Beratungskunden liefert chemotechnische Fertigungsanlagen in die ganze Welt. Durch das technologisch anspruchsvolle Fertigungsverfahren mußte seit Jahren eine kostspielige Hotline aufrechterhalten werden. Nachdem wir für diese Fertigungsanlage eine umfassende Funktionsbeschreibung erstellt hatten, konnte die Hotline-Besatzung von drei auf einen Techniker reduziert werden. Zwar wurde dadurch nicht die Anzahl der täglichen Anrufe weniger, aber die Auskunftszeiten je Anruf betrugen nur noch ein Drittel.

Arbeitsanleitung

Sicherlich wäre eine Funktionsbeschreibung für eine komplizierte Anlage im Rahmen dieses Buches nicht möglich. Aber da Sie sich mit der Konstruktion einer Dampflokomotive bereits bei der letzten Übung vertraut gemacht haben, sollten wir dieses Situationswissen nutzen.
Ihr Text muß also eine kurze und präzise Funktionsbeschreibung für die obige Dampflokomotive enthalten. Daraus muß der Anwender die Funktionsweise der Dampflokomotive verstehen können. Beziehen Sie sich bei Ihrer Funktionsbeschreibung auf die Skizze, die Sie zur Gerätebeschreibung erstellt haben.
Wenn Sie in der Funktionsbeschreibung ein Bauteil

oder Bedienteil erwähnen, dann setzen Sie die Positionsnummer in Klammern dahinter.

Meine Empfehlung finden Sie in Lösung 3: Funktionsbeschreibung, Seite 183.

3.1.7.4 Normalbetrieb

Zunächst ein Hinweis zur Klärung der Begriffe:
Zum Normalbetrieb gehört auch *in Betrieb nehmen*, der *bestimmungsgemäße Gebrauch* und *außer Betrieb setzen.*
Dabei ist unter *in Betrieb nehmen* hier das Einschalten zu Beginn eines normalen Arbeitsgangs zu verstehen.
Unter *außer Betrieb setzen* verstehen wir hier das Ausschalten nach Beendigung eines normalen Arbeitsgangs.
Das *erstmalige in Betrieb nehmen* zum Zeitpunkt der Montage oder der Installation eines technischen Arbeitsmittels muß unter anderen Gesichtspunkten beschrieben werden. [*1*] Die Erörterung würde den Rahmen dieses Buches sprengen. Auch gehört der Vorgang, von der sachlichen Gliederung her gesehen, in einen anderen Abschnitt der Betriebsanleitung (siehe Kapitel 3.1.6, Seite 78).
Wichtig ist: Alle Aspekte, die wir jetzt behandeln, gelten sinngemäß für alle *Abschnitte* einer Betriebsanleitung.
Wenn Sie den umfassenden Abschnitt *Normalbetrieb* als Quelltext beschreiben, dann werden Sie etwas Interessantes feststellen. Bei den vorangegangenen Kapiteln zur Gerätebeschreibung und Funktionsbeschreibung hatten Sie es nur mit der rein *informativen* Beschreibung zu tun. Jetzt kommt jener Texttyp hinzu, der eine Betriebsanleitung zu dem macht, was sie sein soll: eine *instruktive* Handlungsanleitung.

...klar unterscheiden: informativ oder instruktiv

Die *informative* Beschreibung erklärt Sachverhalte. Die *instruktive* Beschreibung gibt Handlungsanleitungen.

Also: In allen Kapiteln einer Betriebsanleitung, die informieren *und* instruieren, kommen beide Texttypen vor. Häufig gehen beide ineinander über, ohne daß dem Technikautor dies bewußt wird. Sehr bewußt wird es dann dem Anwender, der oft nicht erkennt, ob etwas getan werden muß, ob er selbst das tun muß oder ob der Vorgang automatisch abläuft.
Ein Beispiel aus einer Betriebsanleitung:
Während des Aufheizvorgangs ist eine zusätzliche Vorwärmung erforderlich. Deshalb muß ständig überprüft werden, ob die Flammentemperatur zur Dampferzeugung ausreicht. Andernfalls muß die Vorwärmzündung entsprechend der Anzeige am Druckmesser aufrechterhalten werden. Wenn der Zeiger am Druckmesser die rote Marke erreicht, ist die Flammentemperatur durch Umschalten auf die Regelheizung zu reduzieren.
Sie haben es sicher bemerkt: Hier hat der Technikautor einen *jener* Fehler begangen, der arglose Anwender zur Verzweiflung treibt. Ein Patentrezept, wie das zu verhindern wäre, gibt es nicht. Da hilft nur eines: der Technikautor muß sensibel werden für die Schnittstellen zwischen Beschreiben und Anleiten. Das heißt: wo der Anwender die vorangegangene Information in konkretes Tun umsetzen muß, da muß sich auch der Texttyp ändern.
Wenn Sie den *Normalbetrieb* im Quelltext beschreiben, dann erkennen Sie die meisten Schnittstellen noch leicht. Später wird das schwieriger.

Markieren Sie einfach die Schnittstellen, denn im Quelltext geht es nur um das *informative* Beschreiben. Bei der Textversion 2 werden dann *Informationen* und *Instruktionen* klar abgegrenzt und ausformuliert.

Markieren Sie: beschreiben oder anleiten

3.1.7.5 Wartung

Wir haben bereits erörtert, daß zum bestimmungsgemäßen Gebrauch eines technischen Arbeitsmittels auch das Einhalten der Instandhaltungsbedingungen gehört. Damit ist die Wartung gemeint.
Das liegt nicht nur unter dem Aspekt der Gewährleistung (Garantiebedingungen des Herstellers) im Interesse des Betreibers. Sondern auch deshalb, weil er für die Sicherheit und Gesundheit seiner Arbeitnehmer am Arbeitsplatz mitverantwortlich ist. [*18*] [*19*]
Außerdem gibt es gesetzliche Regeln zu den Wartungsintervallen für bestimmte Maschinen und Anlagen. Bei Bremsprüfständen und Turbinen ist die Wiederinbetriebnahme nach der vorgeschriebenen Wartung und Prüfung nur dann zulässig, wenn ein Testlauf keinerlei Beanstandungen ergeben hat.
Geben Sie in Wartungsanleitungen vor allem die Wartungsintervalle genau an. Dazu können Tabellen sehr nützlich sein. Aber auch die Art der Wartungsarbeiten muß exakt beschrieben werden.
Auch bei Wartungsarbeiten ist der Hersteller verpflichtet, den Anwender vor jeder möglichen Gefährdung zu warnen. Wenn der Anwender bestimmte Wartungsarbeiten aufgrund seines Wissensstandes nicht selbst durchführen darf, dann muß er unübersehbar darauf hingewiesen werden. Weitere Warnpflichten hat der Hersteller hinsichtlich einer möglichen Schädigung der Umwelt.

Diese Informationen liefern die Zielgruppen-Bestimmung und die Produktbeobachtung

Die exakte Beschreibung von Tätigkeiten ist im Wartungsbereich ohne Bildinstruktionen meist nicht möglich. Das hat bereits vor einigen Jahren viele Maschinenhersteller veranlaßt, ihre Wartungsanleitungen auf reine Bildinstruktionen umzustellen. Einen Schmier- und Wartungsplan als Selbstklebeschild an einer Baumaschine der 80er Jahre zeigt Abb. 26. Hier wurden Fotos in Strichdarstellungen umgesetzt. Die auszuführenden Wartungsarbeiten waren durch Verwendung einer zweiten Farbe besonders gut zu erkennen. Zusätzlich zu dem Schild an der Maschine war dieser Schmier- und Wartungsplan in der Betriebsanleitung abgedruckt.

Inzwischen hat das Unternehmen in der Technischen Dokumentation neue Wege eingeschlagen. Im Zuge dieser Entwicklung wurde die alte Darstellung durch eine überarbeitete Version ersetzt. Die Abb. 27, Seite 91 zeigt die neue Wartungsanleitung mit vereinfachten und übersichtlicheren Bildinstruktionen. [*20*]

Dazu ist festzustellen, daß die Wartungsanleitung nur für solche Anwender sofort verständlich ist, die auch das Gerät kennen und damit umgehen können. Auch hier gilt das, was auf Seite 116 über Piktogramme gesagt wird.

Und nun freuen Sie sich bestimmt schon auf die kleine Übung zum Thema Wartung.

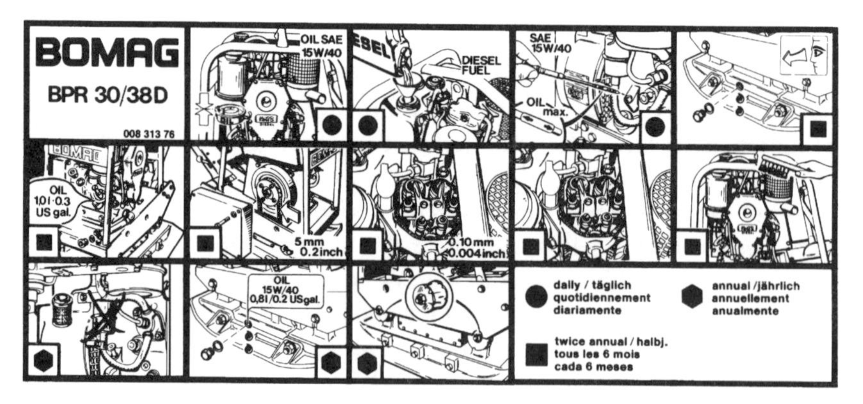

Abb. 26: Alte Wartungsanleitung

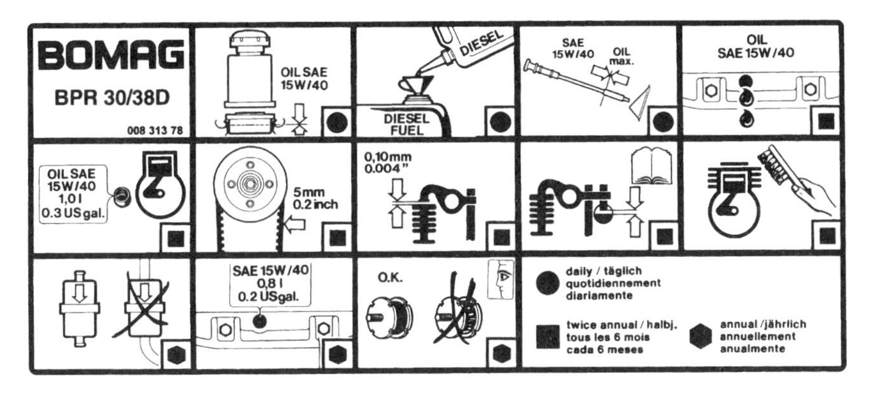

Abb. 27: Neue Wartungsanleitung

✍ *Arbeitsanleitung*

Beantworten Sie bitte folgende Fragen:

1. Was könnte *ein* Grund dafür sein, daß ein Baumaschinenhersteller seine Wartungsanleitungen ausschließlich als Bildinstruktion darstellt?
2. Welchen zusätzlichen Hinweis würden Sie als Baumaschinenhersteller in die Wartungsanleitung (Abb. 27) einfügen?
3. Welchen Sicherheitshinweis würden Sie in die Wartungsanleitung für Instandhaltungsfachkräfte des Beispiels auf Seite 60 unbedingt aufnehmen?

Meine Empfehlung finden Sie in Lösung 4: Wartung, Seite 184.

3.1.7.6 Störungen und deren Beseitigung

Beschreiben Sie genau und ohne Beschönigung, welche Störungen auftreten können, welche Ursachen und Auswirkungen diese haben können. Der Anwender muß verstehen, wie er diese Störungen selbst beheben kann. Wenn er bestimmte Störungen aufgrund seines Wissensstandes nicht selbst beheben darf, dann muß er eindringlich darauf hingewiesen werden. Dies gilt vor allem im Elektrobereich.

Auch diese Informationen liefern die Zielgruppen-Bestimmung und die Produktbeobachtung

Bei der Störungsbeseitigung haben sich Tabellen bewährt. Eine guteTabelle ist übersichtlich und macht komplexe Zusammenhänge schnell verständlich (auch deshalb, weil sich der Technikautor kurz fassen muß). Ein Beispiel:

Erklären Sie wichtige und schwierige Maßnahmen unbedingt durch didaktisch konzipierte Bildinstruk-

1	2	3	4
Nr.	Störung	Ursache	Abhilfe
10.	Förderschnecke läuft nicht	1. Stromzufuhr zur Maschine unterbrochen 2. Kohlebürsten abgenutzt	zu 1. • Sicherungen 4 und 5 im Schaltkasten am Kopfteil überprüfen (s.Seite 8) • Überprüfen Sie... zu 2. Kohlebürsten austauschen •
11.	Greifer reagiert nicht trotz Betätigung des Tasters	....	....

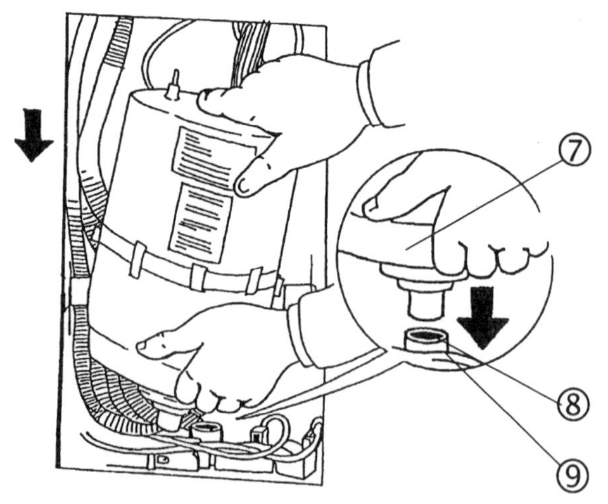

Abb. 28: Störungsbeseitigung per Bild erklärt

tionen. Die Abb. 28, Seite 92 zeigt ein Beispiel didaktischer Grafik.
Die Instruktion zu Abb. 28 lautet in der Original-Betriebsanleitung:
Setzen Sie den neuen Dampfzylinder (7) ein. Achten Sie darauf, daß Sie den Dichtring (8) auf dem Ventilsitz (9) nicht verschieben.

3.1.7.7 Ersatzteilliste

Ersatzteillisten sollten der Betriebsanleitung dann beigefügt sein, wenn Reparaturen nicht ausschließlich durch den Hersteller oder dessen Fachpersonal ausgeführt werden.
Auch wenn die Ersatzteilliste per Diskette mitgeliefert wird, sollte die Betriebsanleitung einen Ausdruck enthalten.
Wenn der Hersteller (besonders bei Sondermaschinen) Zusatzeinrichtungen oder Anlagenteile später nachliefert, dann sollte er diese im Datenblatt der Maschine erfassen. Damit ist der aktuelle Ausrüstungszustand dieser Maschine jederzeit nachzuweisen. Dies ist im Hinblick auf die → Konformität der Maschine ein wichtiger Aspekt der internen Dokumentation. [*15*][*16*]

3.1.7.8 Bestimmungen für den Betreiber

Es kommt häufig vor, daß die Anwender im Unternehmen durch fehlende betriebsinterne Instruktionen vernachlässigt werden. Dies ist jedoch nicht Sache des Herstellers, sondern des Betreibers, also des Arbeitgebers.
Der Betreiber ist nämlich verpflichtet, eine betriebsinterne → Betriebs*anweisung* zu erstellen, die relevante betriebliche Gegebenheiten berücksichtigt. Die Betriebs*anweisung* muß alle Informationen enthalten, die ein Arbeitnehmer beim Einsatz eines technischen Arbeitsmittels zu seiner Sicherheit kennen muß. [*21*]

In diesem Fall:

Sicherheitshinweis in der Betriebsanweisung und an den Zufahrtswegen

So kann es beim Eingliedern einer Maschine in den Produktionsablauf eines Fertigungsbetriebes erforderlich sein, die Zufahrtswege für das Fertigungsmaterial zwingend vorzuschreiben. Dadurch wird z.B. verhindert, daß Transportwagen mit schweren Lasten über einen Zufahrtsweg an die Maschine gebracht werden, der dieser Belastung nicht standhält. Da der Hersteller der Maschine diese Voraussetzungen normalerweise nicht kennt (und auch nicht kennen muß), gehört das Erstellen der Betriebsanweisung zu den Pflichten des Betreibers. Zu den Instruktionspflichten des Herstellers gehören jedoch alle Informationen, die der Betreiber kennen muß, damit er die Voraussetzungen für den bestimmungsgemäßen Gebrauch der Maschine schaffen kann.

Der Vollständigkeit halber weise ich darauf hin, daß es die Pflicht des Herstellers ist, den sicheren Zugang zur Maschine zu gewährleisten[19]. Anders ist das Ausstellen einer → EG-Konformitätserklärung und das → Inverkehrbringen einer Maschine nur unter besonderen Voraussetzungen erlaubt. [*15*][*16*]

...auch fehlende Betriebsanleitungen bei Gebrauchtmaschinen verpflichten den Betreiber.

Ein weiterer wichtiger Aspekt sind die Betriebsanleitungen für → Gebrauchtmaschinen. Da für Gebrauchtmaschinen (nach derzeit vorherrschender Meinung) die Bestimmungen der EG-Richtlinie Maschinen nicht gelten, können diese auch ohne Betriebsanleitung in Verkehr gebracht werden. In solchen Fällen ist der Betreiber verpflichtet, die Betriebsanleitung für die Gebrauchtmaschine zu erstellen, bevor er diese seinen Arbeitnehmern zur Benutzung überläßt. Siehe dazu auch Kapitel 5.2, Seite 170.

Machen Sie den Betreiber auf seine Instruktionspflichten aufmerksam!

Informieren Sie den Betreiber darüber, welche Voraussetzungen oder Sicherheitsvorkehrungen er schaffen muß, damit das technische Arbeitsmittel nach den jeweiligen Vorschriften montiert, installiert und in Betrieb genommen werden kann.

[19] *EG-Richtlinie Maschinen Anhang I Nr. 1.5.15 und 1.6.2*

3.1.7.9 Transport, Montage, Demontage

Nach DIN EN 292 müssen besonders Maschinen in allen Betriebsphasen während der gesamten Lebensdauer sicher sein. Dazu gehören auch die Bereiche Transport, Montage und Demontage.
Nennen Sie alle erforderlichen Schutzmaßnahmen, damit die Maschine gefahrlos transportiert werden kann.
Wenn selbstfahrende Maschinen über öffentliches Straßenland überführt werden können, dann vergessen Sie in der Betriebsanleitung diesen Hinweis nicht:

Achtung!

Beachten Sie bei Fahrten auf öffentlichen Straßen die StVO.

Zum Transport und zur Montage für große Maschinen und Anlagen sind Angaben über die Masse der Maschine erforderlich.
Insbesondere zum Verladen müssen die Anschlagstellen und Zurrpunkte bekannt sein. Weisen Sie eindeutig auf diese hin. Warnen Sie unbedingt vor ungeeigneten Anschlagstellen und Zurrpunkten. Stellen Sie diese Positionen als Bildinstruktion dar. Die Abb. 29, Seite 96 zeigt ein Beispiel.

3.1.8 Das Layout festlegen

Nachdem Ihr Quelltext fertig ist, haben Sie jetzt auch schon eine Vorstellung über die Anzahl der benötigten Bilder (vorausgesetzt, daß Sie meiner Empfehlung auf Seite 84 gefolgt sind). Der endgültige Bildbedarf läßt sich mit Sicherheit erst beim Klartext ermitteln. Aber inzwischen können Sie mit der bereits erstellten Bilderliste schon mal die darin

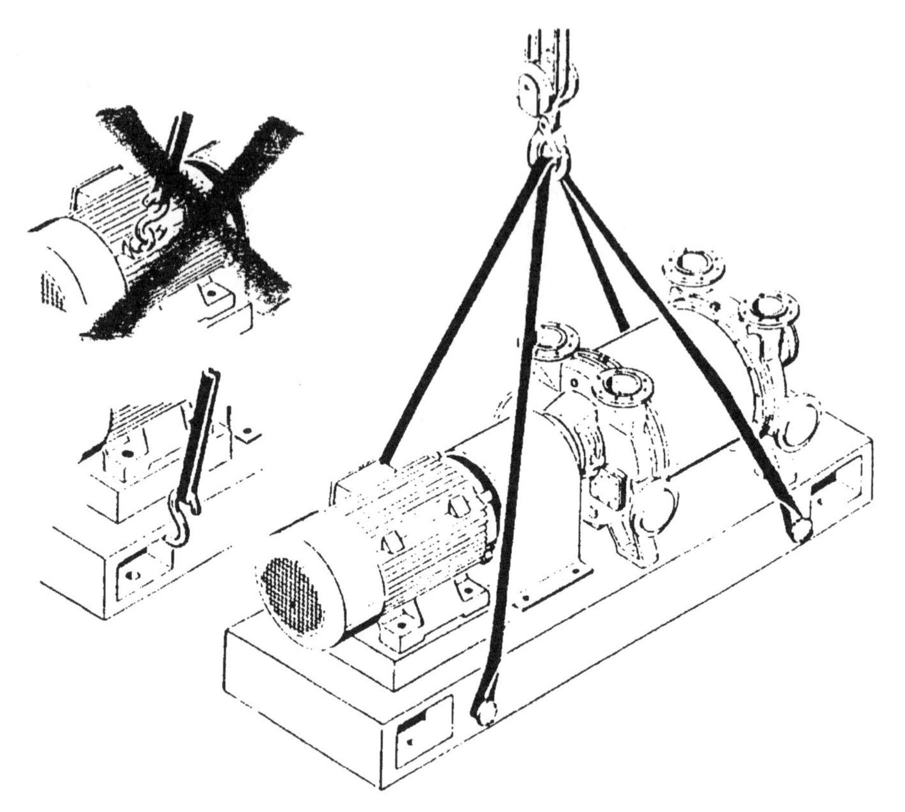

Abb. 29: Anschlagstellen und Zurrpunkte zeigen

vermerkten Quellen anzapfen oder mit dem Grafiker ein Vorgespräch führen. Fehlende Bilder in der Endphase sind mehr als ärgerlich.
Zu den Überlegungen hinsichtlich des Layouts einer Betriebsanleitung läßt sich allgemein wenig Verbindliches sagen. Dazu sind die Anforderungen doch zu sehr vom Einzelfall abhängig. Auf jeden Fall gelten zwei zwingende Forderungen:

1. Das Layout muß den Anwender zusätzlich motivieren, damit er die Betriebsanleitung benutzt.
2. Das Layout muß übersichtlich sein, sonst taugt die Betriebsanleitung nicht zum praktischen Gebrauch.

Format

Zuerst wird wohl die Entscheidung des Formats zu treffen sein. Da uns Anzahl und Art der Bilder bereits annähernd bekannt sind, können wir diese Frage jetzt schnell beantworten.
Aus wirtschaftlichen Überlegungen empfiehlt sich DIN A4 oder DIN A5, wenn kleine Auflagen per Fotokopierer hergestellt werden sollen. Dasselbe gilt, wenn umfangreiche Betriebsanleitungen nicht gebunden, sondern als Loseblattwerk im Ordner erstellt werden. Das hat auch den Vorteil, daß Aktualisierungsblätter mit geringem Aufwand nachgeliefert und ausgetauscht werden können. Größere Formate sind allerdings besser für Betriebsanleitungen mit vielen Bildern.
Bei kleineren Geräten wird man darauf achten müssen, daß die Betriebsanleitung auf ein Format gefalzt werden kann, das mit in den Verpackungskarton hineinpaßt.
Wenn irgend möglich, sollten Sie immer eine Kurzanleitung vorsehen, die sich nach links aus der Betriebsanleitung ausfalten läßt.

Layout

Als ein anregendes Layout sehe ich die 2-spaltige Aufteilung an. Dabei bleibt die linke Spalte dem Text und die rechte Spalte den Bildern vorbehalten. Da das Bildgedächtnis leistungsfähiger ist als das Textgedächtnis, wird der Anwender so auch vergessene Informationen schnell wiederfinden.
Den Text in der *linken* Spalte halte ich deshalb für besser, weil wir in Europa noch immer *Textleser* sind. Das heißt: Die meisten Informationen werden durch den Text transportiert. Das wird sich auch erst in den nächsten zwanzig Jahren zugunsten der *Bildleser* ändern, wie das schon jetzt in den USA der Fall ist.
Bei Betriebsanleitungen mit nur wenigen Bildern

Stichworte als Marginalien

oder zielgruppen-unterschiedlichem Instruktionsangebot plädieren erfahrene Technikautoren dafür, ergänzende Stichworte in Marginalien zu setzen. Dadurch können sich sowohl *Anfänger* als auch *alte Hasen* die gewünschte → Instruktionstiefe selbst aussuchen. [22]

Keine Querverweise in Betriebsanleitungen!

Eines sollten Sie in einer Betriebsanleitung niemals tun: Benutzen Sie *keinesfalls Querverweise* wie ich das in diesem Buch tue! Querverweise dienen hier dem schnellen, komfortablen Lesen und dem unterschiedlichen Vorwissen meiner Leser. Hier kann ich eine hohe Motivation voraussetzen und damit auch das Hin- und Herblättern. Wir haben bereits festgestellt, daß der Anwender dies so gut wie nie tut! In einer Betriebsanleitung müssen Sie Texte und Bilder wiederholen, anstatt den Anwender zum Vor- und Zurückblättern zu zwingen.

Layout für mehrsprachige Anleitungen

Im Hinblick auf den europäischen Binnenmarkt (und auf den Export) werden die meisten Hersteller diese Überlegung anstellen müssen. Dazu gilt allerdings dasselbe, was ich bereits zum Layout gesagt habe: Der Einzelfall bestimmt die Lösung.
Nun sind bei mehrsprachigen Betriebsanleitungen einige wichtige Regeln zu beachten, wenn wir den Anwender nicht ins Chaos stürzen wollen; z.B.:

- plazieren Sie bei einfachen Betriebsanleitungen möglichst nur 3, höchstens 4 Sprachen auf eine Seite,
- setzen Sie bei umfangreichen Betriebsanleitungen jede Sprache in einen eigenen Abschnitt,
- gestalten Sie das Layout so, daß die Bildinstruktionen für alle Sprachen gelten können. Das kommt der Übersicht zugute und schont die Kasse.

Die Layoutseite einer dreisprachigen Betriebsanleitung zeigt Abb. 30, Seite 99. Wie Sie sehen, werden da 4 Bedienschritte in 3 Sprachen erläutert. Die Bildinstruktionen sind den Bedienschritten klar zugeordnet. So sind die Bilder für alle 3 Sprachen nur einmal erforderlich. Das Ergebnis ist nicht nur übersichtlich, sondern auch wirtschaftlich.

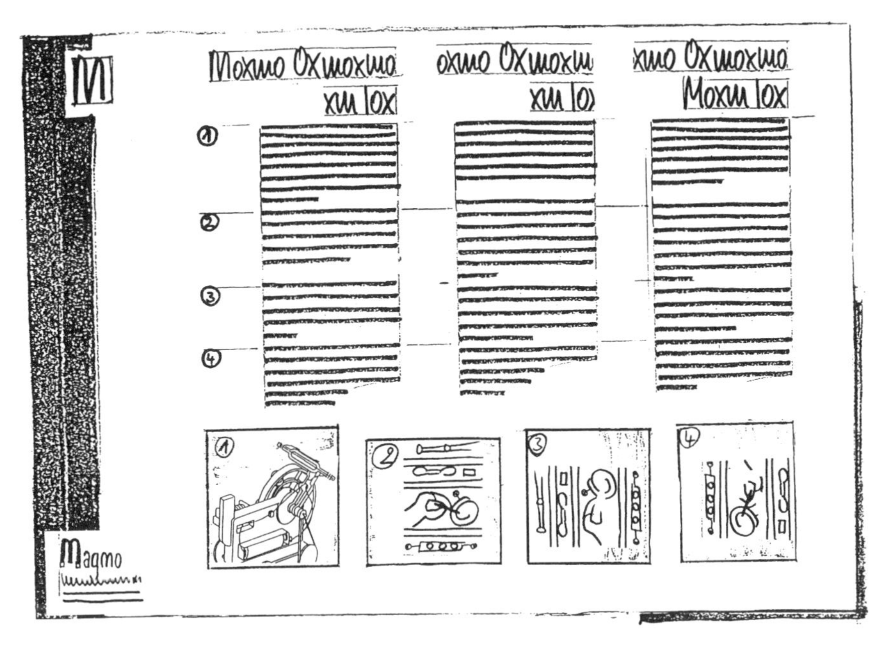

Abb. 30. Layout einer dreisprachigen Betriebsanleitung

Typografie

Die Gliederung hat einen großen Einfluß auf die Typografie. Sie erkennen das auch an diesem Buch. Insbesondere die Überschrifts-Ebenen wirken sich auf das typografische Erscheinungsbild aus. In den Textblöcken selbst sollte nur eine einheitliche Schriftart und Schriftgröße benutzt werden.
Was die am besten geeignete Schriftart betrifft, so gehen die Meinungen weit auseinander. Für mich ist es lediglich eine Glaubensfrage, ob man in Betriebsanleitungen eine Antiqua-Schrift (wie in die-

sem Buch) oder eine Grotesk-Schrift verwendet. Wer das genauer wissen will, möge sich bei den anerkannten Experten informieren. [*23*]

- Lösen Sie die Überwurfverschraubung (20) des Schwingungsgenerator-Steckers (19).

(Siehe Bild 40)

- Ziehen Sie den Schwingungsgenerator-Stecker (19) heraus.

Der Schwingungsgenerator (18) ist vom Netz getrennt.

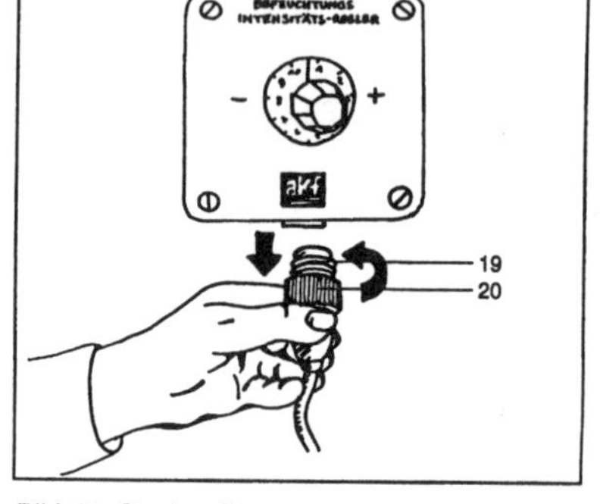

Bild 40: Stecker lösen

- Halten Sie den Rahmen (14) des Schwingungsgenerators (18) mit einer Hand fest und lösen Sie den Spannverschluß (13).

(Siehe Bild 41)

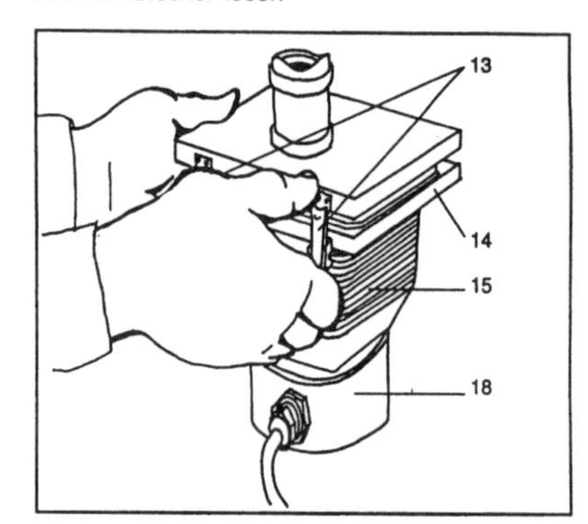

Bild 41: Spannverschluß lösen

- Schwenken Sie den Rahmen (14) mit dem Wasserbehälter (15) nach unten.

- Heben Sie den Rahmen (14) mit dem Wasserbehälter (15) vorne an und hängen Sie ihn aus.

(Siehe Bild 42)

- Stellen Sie den Rahmen (14) mit dem Wasserbehälter (15) auf der Arbeitsplatte ab.

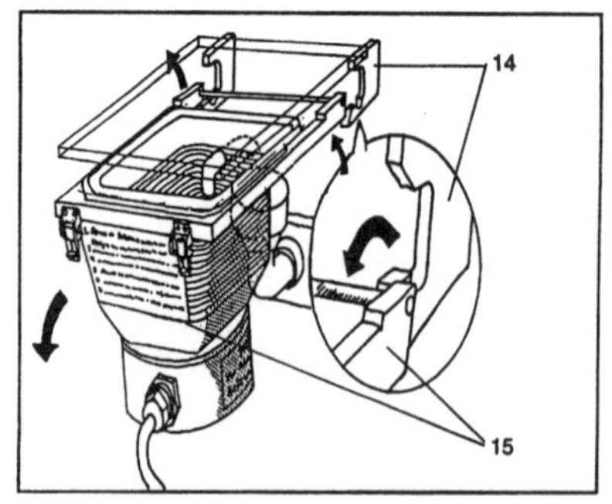

Bild 42: Wasserbehälter aushängen

Abb. 31: Ein anwenderfreundliches Layout

Anwendertests haben gezeigt, daß Schriftgrößen von 11–14 Punkt am besten lesbar sind. Eine Zeile sollte etwa 35 – 50 Zeichen lang sein.
Eine Seite aus einer Betriebsanleitung, in der die obigen Empfehlungen umgesetzt sind, zeigt Abb. 31, Seite 100.

Papier

Dieser Punkt hat mit dem Layout nicht direkt etwas zu tun. Die Papierqualität ist aber mitentscheidend für eine gute Bildwiedergabe. Viel wichtiger ist die Frage der Gebrauchstauglichkeit der Betriebsanleitung. Eine Betriebsanleitung muß so dauerhaft sein, daß sie der Lebensdauer des Produkts in etwa entspricht.

Dies vorauszusehen ist natürlich nicht möglich, weil die Lebensdauer der Betriebsanleitung auch von der Behandlung durch die Anwender abhängt. Weniger geeignet scheint mir jedoch das imagefördernde Recyclingpaier – jedenfalls nicht in allen Fällen. Und ganz bestimmt nicht als Betriebsanleitung für eine Schlammpumpe (die mir einmal zum Sachverständigen-Gutachten vorgelegt wurde).
Einige weitere Checkpunkte zu diesem Aspekt finden Sie auf Seite 150.

3.1.9 Sachlich richtig und vollständig ?

Wenn Ihr Quelltext fertig ist, dann ist es Zeit für eine erste kritische Überprüfung. Legen Sie also Ihre erste Textversion einem (oder mehreren) sachkundigen Kollegen vor. Wenn Sie den Beruf des Technikautors als Dienstleister betreiben, dann ist Ihr Auftraggeber die kompetente Prüfstelle.
Weisen Sie darauf hin, daß diese Überprüfung deshalb überaus wichtig ist, weil die folgenden Textversionen darauf aufbauen. Alle Fehler, die jetzt übersehen werden, können viel Zeit und Geld kosten.

Und noch etwas: Wer den Text sachkundig und verantwortlich geprüft und schließlich freigegeben hat, der möge das bitte auch unterschreiben. Und zwar Seite für Seite, versteht sich! Wenn Sie dazu einen gewichtigen Stempel verwenden (siehe Abb. 51, Seite 157), dann wird dem Prüfer die Bedeutung seiner Unterschrift sicherlich bewußt werden. Nach meiner Erfahrung sinkt allerdings auch die Bereitschaft zur Unterschrift, wenn dieser Stempel jede Seite ziert.

Das Wichtigste aus Kapitel 3.1.7 bis 3.1.9

- Durch seinen Quelltext wird der Technikautor mit dem Produkt erst recht vertraut.
- Der Quelltext deckt Informationslücken auf.
- Die Voraussetzung für die nächsten Kapitel ist eine gewissenhafte Textprüfung

3.2 Phase 2: Die Fakten umsetzen

> Im Abschnitt 3.2 bis 3.2.4 werden wir alle bisherigen Erkenntnisse aus der Phase 1 verwerten. Schritt für Schritt wollen wir die Fakten aus dem Quelltext in konkrete Aussagen umsetzen.

Kapitel 3.2.1
Seite 103

Der Anwender hat nur begrenzte Möglichkeiten, Informationen zu speichern und zu verarbeiten. Dies ist besonders im Sicherheitsbereich von erheblicher Bedeutung. Seine Aufmerksamkeit für die Betriebsanleitung ist eingeschränkt, weil er hauptsächlich auf den Bedienvorgang konzentriert ist. Nur einen winzigen Bruchteil dessen, was er gelesen hat, kann er auch erinnern. Von diesem Bruchteil der Gesamtinformation hängt alles ab. Nun

kommt es darauf an, daß es dem Technikautor gelungen ist, dem Anwender das Offensichtliche, das Selbstverständliche präzise und betont zu vermitteln. Allerdings gibt es dabei ein Problem: Was dem Technikautor (selbst-)verständlich ist, das ist es dem Anwender noch lange nicht.
Gefährlich ist aber auch: Je vertrauter der Anwender mit dem neuen Produkt wird, desto mehr verliert dieser seine kritische Grundhaltung und seine Anfangsvorsicht. Dies ist unvermeidbar. Daß alle nachfolgenden Prozesse für den Anwender gefahrlos und für den Hersteller folgenlos ablaufen, dafür muß der Technikautor sorgen.

3.2.1 Das Sicherheitskonzept erstellen

Es macht wenig Sinn, eine Betriebsanleitung an allen denkbaren und gefahrverdächtigen Stellen mit Sicherheitshinweisen zu pflastern. Kein qualifizierter Technikautor wird das tun, weil er sich nicht eines Tages in großen Schwierigkeiten wiederfinden möchte. Wenn auch der Technikautor letzten Endes auf die ihm zugelieferten Informationen angewiesen ist, so gehört es doch zu seinen beruflichen Sorgfaltspflichten, diese Informationen sorgfältig zu prüfen.

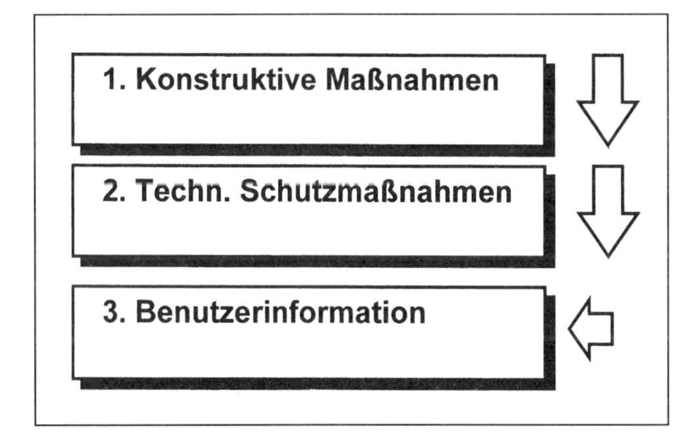

Abb. 32: Das Dreistufenprinzip nach DIN 31000

Bereits lange, bevor die DIN EN 292 auf die Aussagen in Betriebsanleitungen Einfluß nahm, waren in der DIN 31000 entsprechende Festlegungen zur Gefahrverhütung getroffen worden. Darin ist klar bestimmt, daß vor allem das Dreistufenprinzip beachtet werden muß.
Das heißt: von den drei möglichen Maßnahmen darf nur dann die nächstniedrige angewandt werden, wenn die vorhergehende Maßnahme nach dem Stand der Technik nicht zum Erfolg führen konnte.

3.2.1.1 Die Gefährdungsanalyse

Es kann und darf nicht die Aufgabe des Technikautors sein, eine → Gefährdungsanalyse zu erstellen. Dies ist die Aufgabe des Konstruktionsleiters.
Kritisch wird die Sache allerdings dann, wenn Konstruktionsleiter und Technikautor identisch sind. Dies ist, wie man weiß, in Klein- und Mittelbetrieben keine Seltenheit. So oder so – jeder Technikautor muß in der Lage sein, eine Gefährdungsanalyse zu beurteilen. Es ist außerdem die Pflicht eines jeden seriösen Technikautors, die ausschließliche Warnung vor solchen Gefährdungen zu verweigern, die keine Folgen von → Restrisiken sind. Dies wider besseres Wissen zu tun, bedeutet einen Verstoß gegen die beruflichen Sorgfaltspflichten und muß als grob fahrlässig (→ Dreistufenprinzip) gelten.
Wer sich als Konstrukteur im Bereich des Maschinenbaues bewegt, kommt an der Gefährdungsanalyse nicht vorbei. Dies ist (vor allem) eine Anforderung der EG-Richtlinie Maschinen, und ohne Gefährdungsanalyse ist das → Inverkehrbringen einer Maschine seit 1.1.1995 nicht mehr zulässig[20]. Die Darstellung einer umfangreichen Gefährdungsanalyse zur → Konformitätsbewertung von Maschinen würde das Thema dieses Buches sprengen. Dazu

---

[20] *9. GSGV (sogen. Maschinen-Verordnung)*

bietet die einschlägige Literatur ausführliche Verfahrensanweisungen und Checklisten. [*15*]
Auch Software dafür ist bereits auf dem Markt. Aber nur wenn Sie ein qualifiziertes Programm einsetzen, dann können Sie sicher sein, daß Ihre Gefährdungsanalyse alle in Frage kommenden Gefährdungen berücksichtigt. Allerdings sind diese Programme teurer als Fachbücher mit den entsprechenden Checklisten. Deshalb ist eine sorgfältige Prüfung vor dem Kauf zu empfehlen. Mir lag nur *eine* Diskette vor, die alle vorgeschriebenen Ebenen berücksichtigt und auch die Gefährdungen nach der

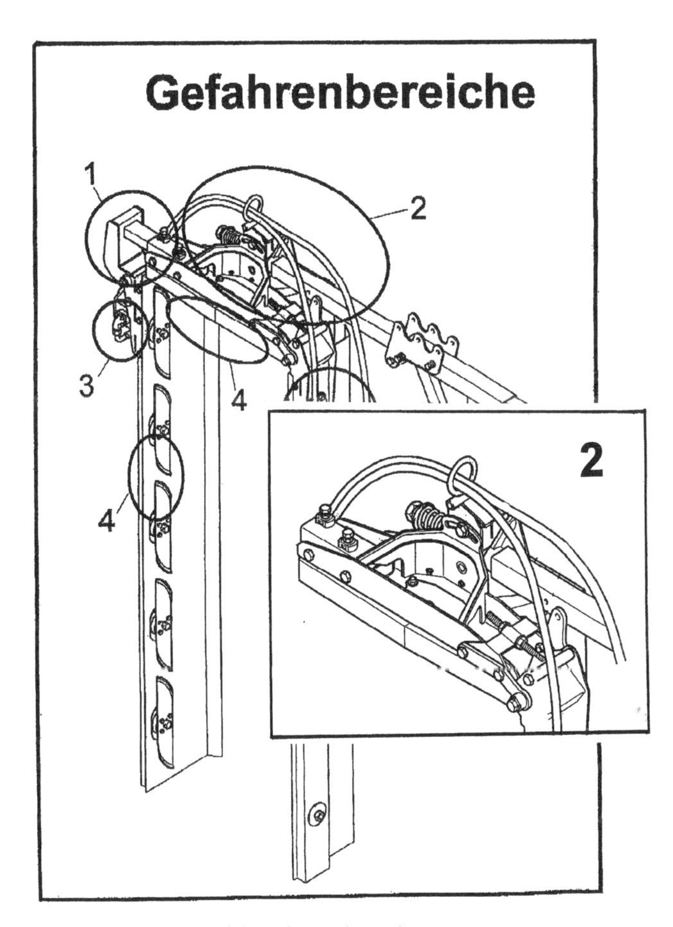

Abb. 33: Jeden Gefahrenbereich analysieren

EG-Richtlinie Maschinen mit einbezieht und korrekt auswertet. [*24*] Nach der EG-Richtlinie Maschinen ist diese Untersuchung für jeden einzelnen Gefahrenbereich vorgeschrieben, wie Abb. 33, Seite 105, an einem Beispiel zeigt.
Ich weise nochmals darauf hin, daß nicht nur der Hersteller von Maschinen, sondern jeder Hersteller eines technischen Arbeitsmittels verpflichtet ist, eine Gefährdungsanalyse durchzuführen.
Und für alle Restrisiken gilt dasselbe: sie müssen durch Sicherheitshinweise in der Betriebsanleitung soweit wie möglich minimiert werden.
An dieser Stelle wollen wir zwei Begriffe klären, deren Bedeutung auch für den Technikautor äußerst wichtig ist:
Was bedeutet „Gefahr“ und was bedeutet „Gefährdung“?
Erich Kästner hinterließ uns dazu eine treffende Erklärung in Verbindung mit dem „Schwert des Damokles“[21]:
„... Die Nähe des möglichen Schadens
liegt nicht in der Schärfe des Schwertes,
vielmehr in der Dünne des Fadens!“
Das heißt konkret: auch eine Tischkante kann bereits eine Gefahr darstellen. Zur Gefährdung wird sie erst dann, wenn ein Mensch betroffen sein könnte.
Diese Klarstellung ist deshalb nötig, weil die Begriffe und Abgrenzungen zu Gefährdungsanalyse, Risikoabschätzung usw. innerhalb der Normen weder vom Titel noch vom Inhalt her übereinstimmen.
Doch nun zurück zur Gefährdungsanalyse. Nach meiner Auffassung ist in vielen Produktbereichen eine vereinfachte Gefährdungsanalyse möglich und

[21] *Damokles, Höfling des Dionysios von Syrakus, mußte an des Königs Tafel unter einem Schwert speisen, das an einem dünnen Faden über seinem Kopf hing*

Abb. 34: Damokles

zulässig. „Vereinfacht“ bedeutet, daß auf die mehrstufige Analyse der Gefährdungen nach DIN EN 954-1 und DIN EN 1050 etc. verzichtet werden kann. Trotzdem sollten Sie die entsprechenden Elemente aus DIN EN 414 verwenden, da sie ein nahezu lückenloses Erfassen der Gefährdungen ermöglichen. Diese vereinfachte Gefährdungsanalyse ist an der → FMEA orientiert, und ich werde sie an dem allgemein bekannten Beispiel „Autokühler mit Kühlwasser nachfüllen“ darstellen und erläutern. Diese vereinfachte Gefährdungsanalyse ist [25] entnommen.

Kopieren Sie dazu das Formular „Einfache Gefährdungsanalyse“ Abb. 63, Seite 192) und machen Sie gleich einen Versuch mit der Gefährdungsanalyse für Ihre Maschine. Betrachten Sie das ausgefüllte Formular (Abb. 35, Seite 110) und vollziehen Sie die einzelnen Eintragungen nach.

Ist es Ihnen aufgefallen? Das Formular hat numerierte Spalten. Deshalb gibt es auch bei einer telefonischen Erörterung keinen Zweifel, wovon die Rede ist.

Spalte 1: Tragen Sie die lfd. Nummer ein.
Spalte 2: Tragen Sie den untersuchten Bedienschritt oder Vorgang ein.
Spalte 3: Status des Bedienschritts:
R = Regulärer Vorgang,
A = Ausnahme-Vorgang.
Hinweis: A wäre z.B. Ersetzen eines Kühlwasserschlauchs.
Spalte 4: Tragen Sie die mögliche Gefährdung ein. Vermerken Sie zu jeder Gefährdung die entsprechende Kennziffer aus DIN EN 414, Anhang A.
Spalte 5: Bestimmen Sie die Ursache exakt.
Spalte 6: Wichtig: Die möglichen Folgen einer Gefährdung dürfen nicht verniedlicht werden.
Spalte 7: Wenn die Folgen *rechtsrelevant* sind, dann *ja eintragen*.
Hinweis: *Nicht rechtsrelevant* wäre z.B: eine Brandblase am Finger.
Spalte 8: Wodurch kann die Gefährdung vor *dem Eintreten* erkannt werden?
Spalte 9: Bewerten Sie die Wahrscheinlichkeit, mit der eine Gefährdung bei diesem Vorgang auftritt, so:

sehr wahrscheinlich	8 – 10
wahrscheinlich	5 – 7
wenig wahrscheinlich	2 – 4
unwahrscheinlich	1

Spalte 10: Bewerten Sie die Bedeutung der Folgen dieser Gefährdung so:
katastrophale Folgen 10
(Tod oder Verletzung von vielen)

	sehr schwere Folgen (Tod eines Menschen, Verletzung von vielen)	8 – 9
	schwere Folgen (Schwere Verletzung eines Menschen)	4 – 7
	minder schwere Folgen (leichte Verletzung eines Menschen)	2 – 3
	unbedeutende Folgen (unbedeutende Verletzung)	1

Spalte 11: Bewerten Sie die Möglichkeit des Erkennens der Gefährdung *vor dem Eintreten* so:

nicht erkennbar	10
schwer erkennbar	8 – 9
erkennbar	2 – 7
leicht erkennbar	1

Hinweis: Bedenken Sie, daß die Möglichkeit des Erkennens der Gefährdung *vor dem Eintreten* wesentlich vom Situationswissen der Zielgruppe mitbestimmt wird.

Spalte 12: Der Risikofaktor RF ist das Produkt aus den Spalten 9, 10, und 11.

Spalte 13: Tragen Sie hier die Sicherheitsmaßnahmen ein, die zur Abwendung der Gefährdung erforderlich sind. Wirtschaftliche Überlegungen müssen dabei unberücksichtigt bleiben. Trotzdem muß hier nicht mit *Kanonen auf Spatzen geschossen* werden.

Hinweis: Wenn in dieser Spalte zur Minimierung von Restrisiken Sicherheitshinweise in der Betriebsanleitung festgelegt wurden, dann liegt es im Verantwortungsbereich des Technikautors, daß diese dort auch tatsächlich erscheinen.

Spalte 14: Tragen Sie den Namen dessen ein, der diese Gefährdung untersucht und bewertet hat.

Hinweis zu den Bewertungsskalen der Spalten 9, 10 und 11:

Die Werte sind nur Beispiele und Anhaltspunkte. Sie lassen genügend Raum zu einer Skalierung nach den speziellen Risiken Ihres Produkts.

	Einfache Gefährdungsanalyse CE	Kühlsystem defekt
		Blatt 1 von 48

Pos.	Bedienschritt oder Vorgang	Status R/A	Mögliche Gefährdung nach DIN EN 414	Ursache der Gefährdung nach DIN EN 1050	Mögliche Folgen der Gefährdung	R	Erkennungsmöglichkeit der Gefährdung vor Eintreten	A Auftreten	B Bedeutung	E Erkennen	Risiko-Faktor R F	Sicherheitsmaßnahmen	Info von
1	2	3	4	5	6	7	8	9	10	11	12	13	14
1	Kühlwasser nachfüllen	R	3.1: Verbrennung und Verbrühung	1a: Fehlverhalten einer Person: zu schnelles Öffnen des Kühlerdeckels	Verbrennungen, Erblinden	ja	Zischen, Dampfentwicklung	8	7	5	280	Hinweis und Warnung in Betriebsanleitung Warn-Piktogramm auf Kühler	NN

Abb. 35: Die kleine Gefährdungsanalyse

Auch an diese einfache Gefährdungsanalyse muß sich die → Lösungsbeschreibung anschließen. Übertragen Sie in die Lösungsbeschreibung [*15*][*16*] alle Positionen, die weitere Maßnahmen erfordern. Achten Sie darauf, daß alle → Restrisiken einen entsprechenden Sicherheitshinweis in der Betriebsanleitung erfordern.
Beachten Sie, daß → Restrisiken nur solche Risiken sind, die sich weder durch konstruktive Maßnahmen, noch durch technische Schutzmaßnahmen beseitigen lassen. Restrisiken sind meist solche Risiken, die durch die Eigenart eines Produkts bestimmt sind, z.B. die scharfe Schneide einer Rasierklinge oder die heiße Fläche eines Bügeleisens.
Ohne eine → Lösungsbeschreibung als Facit der Gefährdungsanalyse ist bei Maschinen das Ausstellen der → Konformitätserklärung und die CE-Kennzeichnung nicht zulässig. Das Protokoll der Gefährdungsanalyse und die Lösungsbeschreibung sind Bestandteile Ihrer internen Technischen Dokumentation zur CE-Kennzeichnung.

3.2.1.2 Die Struktur von Sicherheitshinweisen

Sicherheitshinweise dienen nicht nur der Sicherheit des Anwenders, sondern auch der Sicherheit des Herstellers und des Technikautors. Sicherheitshinweise erfordern immer Piktogramme und häufig auch Bilder, wenn sie verstanden werden sollen. Bedienvorgänge und Arbeiten an Gefahrenstellen sollten immer bildlich dargestellt werden. Dazu gehört auch die Störungssuche, das Auswechseln von Teilen etc.
Damit die Art der Gefährdung richtig erkannt und korrekt bezeichnet wird, muß der Technikautor mit den grundsätzlichen Begriffen vertraut sein. Die meisten Begriffe sind den Unfallverhütungsvorschriften zu entnehmen. Die Abb. 36 zeigt die Gefährdung durch *Einziehen oder Fangen*. Die Abb. 37 zeigt die Gefährdung *durch Erfassen oder*

Aufwickeln. Erst die Bilder machen deutlich, welches die Ursachen und auch die Folgen sein können.
Für den Technikautor ist es unerläßlich, die entsprechenden Standardvorschriften zu kennen. [26] Auch für ihn gilt: *Durch Bilder lernt sich's leichter*. Ebenso wie Sicherheitshinweise nicht beliebig in einer Betriebsanleitung verstreut sein dürfen, so setzt auch der Instruktionswert eines Sicherheitshinweises ein Konzept voraus. Wenn dieses erst einmal er-

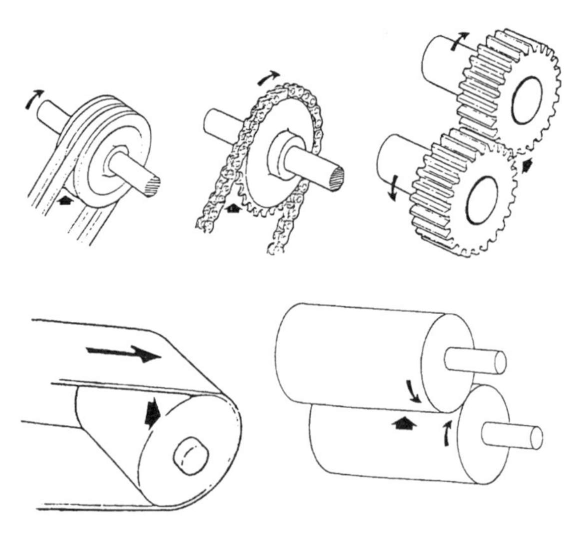

Abb. 36: Gefährdung durch Einziehen oder Fangen

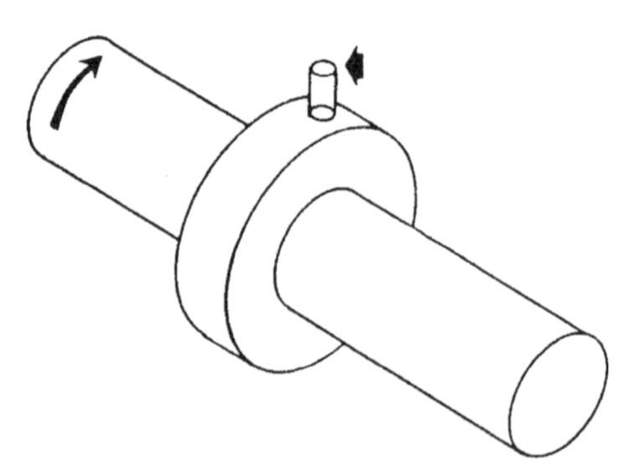

Abb. 37: Gefährdung durch Erfassen oder Aufwickeln

stellt ist, dann verfügt der Technikautor über eine feste Struktur für Sicherheitshinweise. Diese Struktur ist auf jedes beliebige Produkt anwendbar.
Es ist unsinnig, Kataloge mit angeblich *allen vorkommenden* Sicherheitshinweisen herauszugeben. Nicht nur deshalb, weil jedes Produkt andere Risiken aufweist. Auch deshalb, weil der Bundesgerichtshof wiederholt darauf hingewiesen hat, daß der Hersteller konkret auf die Gefahren seines Produkts hinweisen muß.[22]
Mit der folgenden Anleitung gelingt es Ihnen leicht, Sicherheitshinweise für alle Gefährdungen selbst zu erstellen. Sie brauchen nur den angegebenen Schritten folgen.

1. Lokalisieren
Wo befindet sich die Gefahrenposition?

2. Warnen

2.1 Was darf nicht getan werden?
2.2 Warum darf das nicht getan werden?

3. Anweisen

3.1 Was muß getan werden?
3.2 Warum muß das getan werden?

4. Erklären

4.1 Wie muß das getan werden?
4.2 Warum muß das so getan werden?

Abb. 38: Die Struktur von Sicherheitshinweisen

Jedes Produkt hat andere Gefahrenmomente. Deshalb muß auch diese Untersuchung für jedes Produkt gesondert durchgeführt werden.
Die Struktur von Sicherheitshinweisen basiert auf vier Ebenen:

[22] *BGH vom 7.10.1986, VI ZR 187/85;BB 1986, 2368*

Bestimmen Sie für jede dieser Ebenen die genaue Bedeutung. Nur dann können Sie die Struktur Ihrer Sicherheitshinweise eindeutig festlegen.

1. Lokalisieren

Wo befindet sich die Gefahrenposition?

Nur wenn wir den Anwender darüber unterrichten, wo es gefährlich wird, dann kann er auch eine Gefährdung vermeiden.

2. Warnen

2.1 Was darf nicht getan werden?

Nur wenn der Anwender weiß, was er nicht tun darf, dann trägt er auch die Verantwortung dafür, wenn er es trotzdem tut.

2.2 Warum darf das nicht getan werden?

Wenn der Anwender versteht, warum er etwas nicht tun darf, dann wird er dies eher unterlassen. Andernfalls kann ihm seine Neugierde zum Verhängnis werden.

3. Anweisen

3.1 Was muß getan werden?

Auf den beiden ersten Ebenen wurde der Anwender darüber unterrichtet, wo sich die Gefahrenstelle befindet und um welche Gefahr es sich handelt.
Nun erklären wir ihm, wie er die Folgen dieser Gefahren vermeiden kann. Er muß darüber unterrichtet werden, was er zum Vermeiden der Gefährdung tun muß.

3.2 Warum muß das getan werden?

Jetzt unterrichten wir den Anwender darüber, warum er das tun muß. Diese Zusatzinformation kann dann entbehrlich sein, wenn sie bereits in der Hauptinformation enthalten ist.

4. Erklären

4.1 Wie muß das getan werden?

Jetzt wird der Anwender darüber unterrichtet, *wie* er die Anweisungen befolgen muß, damit aus der Gefahr keine Gefährdung wird.

4.2 Warum muß das so getan werden?

Ferner unterrichten wir ihn darüber, warum er das *genau so* tun muß. Diese Zusatzinformation kann dann entbehrlich sein, wenn sie bereits in der Hauptinformation enthalten ist.

3.2.1.3 Die Piktogramme

Wenn wir Symbolinformationen einsetzen, dann benutzen wir das Verfahren der Verschlüsselung. Was bedeutet das?
Dazu ein Beispiel: Nehmen Sie an, Sie sitzen am Nordseestrand. Ein segelbegeisterter Freund hat Sie gebeten, ein Foto von dem *Windjammer* zu machen, der hier bald vorbeifahren wird. Weil Sie sich unter einem *Windjammer* nichts vorstellen konnten, hat Ihnen Ihr Freund das Bild eines Windjammers gezeigt. Sie wissen jetzt: ein Windjammer –

- ist ein Schiff (1. Informationselement)
- hat mehrere Masten (2. Informationselement)
- trägt Segel (3. Informationselement).

Diese drei Informationselemente haben Sie unter dem Schlüssel *Windjammer* gespeichert. Wenn Sie nun ein Schiff mit mehreren Masten und Segeln sehen, dann werden Sie diese drei Informationselemente aufgrund des vorangegangenen Lernvorgangs als *Windjammer* entschlüsseln. Das heißt: Sie erkennen das Objekt, das Sie für Ihren Freund fotografieren sollen, greifen zum Fotoapparat und drücken auf den Auslöser.
Dasselbe geschieht, wenn der Anwender ein Piktogramm sieht. Piktogramme sollen beim Anwender ein bestimmtes Verhalten auslösen. Die Voraussetzung ist jedoch, daß er zuvor gelernt hat, was das Piktogramm bedeutet. [*27*] Deshalb müssen Piktogramme am Anfang der Betriebsanleitung erklärt werden. Ebenso wie Abkürzungen.
Viele Piktogramme haben wir uns in den letzten Jahren eingeprägt. Wir haben gelernt und verstanden, was sie bedeuten. Deshalb vermitteln sie uns Informationen, ohne daß wir uns dessen bewußt werden.
Anders ist das mit Piktogrammen, die wir nicht kennen. Nur wenige Piktogramme sind so aussagefähig und selbsterklärend, daß sie von einem unkundigen Betrachter ohne Erklärung verstanden werden.
Dies gilt besonders für solche Piktogramme, die nur für einen engeren Personenkreis bestimmt sind und die deshalb nur im Arbeitsumfeld dieses Personenkreises bekannt werden.

Abb. 39: Allgemeine Sicherheits-Piktogramme (DIN EN 4844)

Abb. 40: Personenschutz-Piktogramme (DIN 4844)

Abb. 41: Ein Piktogramm aus der Agrartechnik

Die Beispiele zeigen, daß es für den Hersteller ratsam ist, Piktogramme zu benutzen, die eine gewisse Verkehrsgeltung erlangt haben. Nun soll es Urheber von Piktogrammen geben, die auf die Nutzung solcher Piktogramme saftige Gebühren erheben. Dies könnte nun wiederum einen Hersteller abschrecken, solche Piktogramme zu verwenden. Zwar mögen Piktogramme aus eigener Erfindung billiger scheinen, aber dafür muß der Hersteller die Folgen tragen. Das heißt, wenn diese nicht verstanden werden und dadurch ein Dritter zu Schaden kommt, dann trägt der Hersteller die Verantwortung. Auch unverständliche Sicherheitshinweise bedeuten nämlich eine Nichterfüllung von Instruktionspflichten.
Bisher mußte noch kein Gericht entscheiden, ob der Anspruch auf Nutzungsgebühren durch den Urheber in solchen Fällen berechtigt ist. Zweifel scheinen dann angebracht, wenn die Anwendung dieser Piktogramme mit der Einhaltung einer Rechtsvorschrift gleichzusetzen wäre.[23]

---

[23] *Dann ist das Urheberrecht nicht anzuwenden.*

3.2.1.4 Die Sicherheitshinweise

Für Sicherheitshinweise gibt es nur wenige, aber eindeutige Regeln:
Benutzen Sie Sicherheitshinweise nur, wenn diese auch zulässig sind. Unzulässig sind Sicherheitshinweise dann, wenn dadurch vorrangige Maßnahmen ersetzt werden sollen.
Siehe dazu auch Seite 104.
Alle allgemeinen Sicherheitshinweise müssen in der Betriebsanleitung am Anfang zusammengefaßt sein.
Führen Sie Sicherheitshinweise in der Reihenfolge ihrer Bedeutung auf: Gefahr, Warnung, Vorsicht.
Stellen Sie Sicherheitshinweise immer in Verbindung mit Piktogrammen dar. Benutzen Sie zur Signalwirkung nur solche Piktogramme, die der Anwender kennt und versteht.
Formulieren Sie Sicherheitshinweise knapp und präzise. Verwenden Sie einfache und bekannte Ausdrücke.
Benennen Sie die Gefährdung genau; z.B.:
Verletzungsgefahr durch Verätzung *oder*
Warnung vor Schnittverletzungen.

Benutzen Sie für Sicherheitshinweise immer die Befehlsform. *Bitte* ist bei Sicherheitshinweisen nicht angebracht.

Wiederholen Sie *diejenigen* Sicherheitshinweise in der Betriebsanleitung an der *jeweiligen Instruktionsstelle*, wo die *entsprechende* Gefährdung auftreten kann.
Denken Sie daran: auch ein Anwender mit der geringsten Qualifikation muß die Sicherheitshinweise verstehen können. *Verstehen* bedeutet, daß der Anwender auch die Art und die Folgen einer möglichen Gefährdung schnell erkennen kann.
Besonders bei Sicherheitshinweisen gilt: Bilder werden schneller erkannt und erinnert, als Wortbegriffe. Benutzen Sie deshalb immer dann Piktogramme, wenn Sie den Anwender vor Risiken warnen. Wichtig ist dabei auch, daß der Anwender den

konkreten Anlaß für diesen Sicherheitshinweis erkennt. Ich werde noch an einem Beispiel erläutern, daß Sicherheitshinweise vor allem durch Zusatzinformationen aus dem Kontext verstanden werden. Nun haben CEN und CENELEC für Sicherheitshinweise die Bedeutung der Signalwörter für Sicherheitshinweise wie folgt definiert:

Gefahr – bei hohem Risiko
Warnung – bei mittlerem Risiko
Vorsicht – bei geringem Risiko.

Dies hat dazu geführt, daß in vielen Betriebsanleitungen nur noch folgende Sicherheitspiktogramme ohne *speziellen* Zusatz benutzt werden.

Hier scheint mir Vorsicht angebracht. Ich habe erhebliche Zweifel, ob sich ein durchschnittlicher Anwender jederzeit der Bedeutung dieser Begriffe bewußt ist. Außerdem sind das oft nur subjektive Bewertungen des Technikautors.
Ergänzt werden die obigen Sicherheitspiktogramme meist durch nichtssagende Texte, die dem Anwender keineswegs Art oder Folgen einer möglichen Gefährdung deutlich machen, z.B.:

> Der Aufenthalt im Gefahrenbereich ist nur während bestimmter Tätigkeiten von eingewiesenem Fachpersonal unter Beachtung der entsprechenden Sicherheitshinweise zulässig.

Dieser Sicherheitshinweis stammt aus einem der bereits erwähnten Standard-Sicherheitshinweis-Kataloge, die zwar dem Herausgeber, nicht aber dem Ratsuchenden nutzen.
Wer solche Texte als Sicherheitshinweise benutzt, verletzt als Hersteller zweifellos seine Instruktionspflichten.
Sichere Sicherheitshinweise für den Anwender (und den Hersteller!) sind nur solche, die erkennen lassen:

- welcher Art ist die mögliche Gefährdung
- welche Folgen kann diese Gefährdung im schlimmsten Fall haben
- welche Schutzmaßnahmen kann ich treffen.

Soweit zu den Gefährdungen für Menschen. Sicherlich liegt es im Interesse des Betreibers und auch des Herstellers, auch auf Risiken für Maschinen und Geräte hinzuweisen.
Solche Sicherheitshinweise sind meist nur Wiederholungen oder Querverweise zu Informationen, die in der Betriebsanleitung bereits an anderer Stelle enthalten sind.
Benutzen Sie für solche gerätebezogenen Sicherheitshinweise möglichst einheitlich ein bekanntes Piktogramm. Das reicht zur Signalwirkung aus. Ich kann nur davor warnen, eine ganze Sammlung von speziellen Piktogrammen zu entwickeln. Die Wahrscheinlichkeit, daß sich der Anwender diese einprägt, dürfte gering sein.
Für Hinweise zur Arbeitserleichterung wird Ihnen der Anwender dankbar sein. Das sind vor allem Tips aus der Erfahrung, die zum leichteren Umgang mit dem Gerät führen.
Also: Fassen Sie allgemeine Sicherheitshinweise am Anfang der Betriebsanleitung zusammen; z. B.:

Gefahr!
Das sind Hinweise auf Gefahren für Menschen.
Auf Gefahren für das Leben wird mit dem Wort *„Lebensgefahr!"* hingewiesen.

Gefahr!
Das sind Hinweise auf besondere Gefahren durch elektrische Spannungen.

Auf Gefahren für das Leben wird mit dem Wort *„Lebensgefahr!"* hingewiesen.

Achtung!
Das sind Hinweise auf Risiken für Gerät und Maschine.

Hinweis!
Das sind Hinweise zur Arbeitser-leichterung.

So sieht ein spezieller Sicherheitshinweis aus:

Warnung vor Schnittverletzungen!
Bei Arbeiten an Schneidwerkzeugen Schutzhandschuhe tragen.

Achtung!
Motor nicht über 3000 U/min drehen.

Hinweis!
Legen Sie Pinzette und Lupe bereit, *bevor* Sie mit dem Fixieren beginnen.

Abb. 42: Sicherheitshinweise am Anfang zusammenfassen

Das Wichtigste aus Kapitel 3.2.1 bis 3.2.1.4

- Schreiben Sie Sicherheitshinweise speziell für jedes Gerät. Universalkataloge sind gefährlich.
- Bezeichnen Sie die Art der möglichen Gefährdungen genau.
- Warnen Sie eindeutig vor den Folgen möglicher Gefährdungen.
- Verwenden Sie in Sicherheitshinweisen immer die Befehlsform.
- Fassen Sie die allgemeinen Sicherheitshinweise und Beispiele der speziellen Sicherheitshinweise am Anfang der Betriebsanleitung zusammen.

Arbeitsanleitung

Beurteilen Sie den nachstehenden Sicherheitshinweis im Hinblick darauf, was wir bis jetzt zu Sicherheitshinweisen erörtert haben.

GEFAHR!
Rotierende Messer!
Verursachen schwere Schnitt- und Quetschverletzungen, können Sie töten.
Nicht in den Einfülltrichter greifen oder steigen, während der [illegible] läuft.

Abb. 43: Ein Sicherheitshinweis

Meinen Kommentar finden Sie in Lösung 5: Sicherheitshinweise, Seite 185.

3.2.2 Den Klartext schreiben (Textversion 2)

Einarbeitungshinweise Seite 124

Der Lernvorgang beim Anwender ist ein Lernen von Informations-*Inhalten*. Das Handhaben einer Maschine kann schon beim ersten Versuch gelernt werden. Nur bei komplizierten Maschinen und Prozessen muß außerdem die Geschicklichkeit trainiert werden.
Mühelos gelingt dies aber nur dann, wenn der Anwender die Notwendigkeit des Lernvorgangs erkennt und einsieht. Dies wird immer dann der Fall sein, wenn dieser Lernvorgang für ihn selbst wichtig ist; z.B.: *Entlüften Sie den Druckschlauch, sonst läßt sich die Kupplung nicht lösen.* Andernfalls funktioniert das mühelose Lernen von Bedienvorgängen nur über einen längeren Zeitraum durch den täglichen Umgang mit dem Gerät.
Für den Technikautor geht es nicht nur darum, dem Anwender Lernhilfen zu geben. Viel nötiger braucht der Anwender wirksame Hilfen gegen das Vergessen. Wenn es nur um das Lernen ginge – die-

Aus der Produktbeobachtung eines Technikautors!

ser Vorgang ist jederzeit wiederholbar, z.B. durch Nachlesen. Aber nach allgemeiner Erfahrung tut der Anwender genau das nur höchst selten! Wozu auch – aufgrund seiner schlechten Erfahrungen bedeutet ihm eine Betriebsanleitung oft weniger als ein abgelaufener Parkschein. Und genau diese Tatsache wird wohl von den meisten Technikautoren nicht erkannt oder verdrängt.
Das Nichtvergessen wird vom Anwender ebenfalls nicht willentlich unterstützt. Deshalb bleibt dem Technikautor nur die Möglichkeit, beim Anwender die Lesemotivation zu wecken und zu erhalten. Nur in der Lesemotivation kann der Technikautor die Mittel verstecken, die dem Vergessen entgegenwirken. Bilder als Erinnerungshilfen sind hier an erster Stelle zu nennen. Bild-Instruktionen werden vom Anwender auch nach längerer Zeit gut erinnert; sogar noch besser als kurz nach der ersten Darbietung. [*28*]
Die Intelligenz des Anwenders spielt beim Nichtvergessen nur eine geringe Rolle. Für das Vergessen von Instruktionen wird hauptsächlich mangelndes Interesse als Ursache angesehen. [*29*]

Einarbeitungshinweise

→ Einarbeitungshinweise müssen sein, auch wenn diese in neueren Richtlinien zur Benutzerinformation noch nicht definiert werden[24].
Die Tatsache, daß immer mehr Menschen mit einfachem Ausbildungsstand an High-tech-Geräten arbeiten, war ein ausreichender Grund für die EG-Kommission in der EG-Richtlinie Maschinen auch Einarbeitungshinweise vorzuschreiben. Zwar heißt es im Originaltext „Die Betriebsanleitung muß *erforderlichenfalls* mit Einarbeitungshinweisen versehen sein." Zweifellos wird *im Falle des Falles* der Hersteller beweisen müssen, daß Einarbeitungshinweise für sein Gerät nicht erforderlich waren.

---

[24] *VDI 4500 Benutzerinformation*

Einarbeitungshinweise sind für den Anwender als Möglichkeit zur Erfolgskontrolle unverzichtbar. Nachhaltiges Lernen ist nur dann möglich, wenn eine Rückmeldung den Lernvorgang als Erfolg oder Mißerfolg bewertet. Wenn diese Rückmeldung ausbleibt, dann wird der Anwender versuchen, aus naheliegenden Vermutungen eigene Rückschlüsse zu ziehen. Das heißt, er wird versuchen, das Ergebnis seines Bedienschritts selbst zu bewerten – z.B.: Der Motor brummt, also ist die Maschine funktionsbereit. Oder der Anwender versucht nach der Methode *trial and error*[25] diese Rückmeldung selbst zu erzeugen. Beides kann bei der Handhabung von technischen Arbeitsmitteln für den Anwender gefährlich sein. Für den Technikautor auch. Einarbeitungshinweise können im Text und als Bildinformation gegeben werden.
So konstruieren Sie einen Einarbeitungshinweis:
Erweitern Sie die oft zitierten didaktischen Schritte *(1)lies – (2)erkenne – (3)handle* um einen weiteren Schritt (4)überprüfe.
Am Beispiel Starten eines Motors sieht das dann so aus:

Motor starten

1. Der Motor wird mit dem Zündschlüssel über das Lenkradschloß gestartet.
2. Das Lenkradschloß befindet sich rechts neben der Lenksäule.
3. – Zündschlüssel ins Lenkradschloß stecken
   – Zündschlüssel bis zum Anschlag drehen
   – kurz Gas geben, Zündschlüssel loslassen.
4. *Wenn der Motor richtig startet, dann erlischt die gelbe Ölkontroll-Lampe*
   (Wenn die gelbe Ölkontroll-Lampe nicht erlischt...)

---

[25] *Versuch und Irrtum*

Der Einarbeitungshinweis ist hier die Information, daß die gelbe Ölkontroll-Lampe dann erlischt, wenn der Motor tatsächlich startet (Ausnahme: zu wenig Öl, elektrische Anlage defekt, Ölkontroll-Lampe defekt...).
Noch besser ist es, einen Einarbeitungshinweis durch eine Bildinformation zu verstärken. So könnte bei diesem Beispiel die Armaturenkonsole mit der hervorgehobenen Ölkontroll-Lampe dargestellt werden.
Viel öfter sind Bildinformationen zu Einarbeitungshinweisen im *Produktionsbereich* erforderlich, wenn die Beschaffenheit von produzierten Teilen geprüft werden muß. Die Abb. 44, zeigt ein Beispiel aus der Garntechnologie.

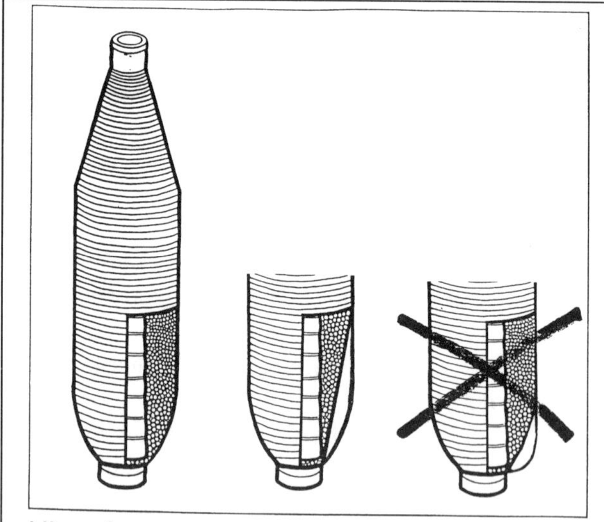

Hinweis:
Der Kops-Ansatz darf nur leicht bauchig sein.
Wenn der Kops-Ansatz zu stark baucht, dann können sich die Garnlagen ablösen.

Abb. 44: Ein Einarbeitungshinweis (Originaltext)

Zeit nehmen

Voltaire[26] sollte vor den Mitgliedern der Französischen Akademie über ein staatspolitisches Thema referieren. Weil er des öfteren verhindert war (Tee beim Alten Fritz, häufige Krankheiten, auf Reisen, im Gefängnis), mußte er seine Arbeit immer wieder aufschieben. Schließlich trat er doch eines Tages vor die hohe Versammlung und begann so: „Meine Herren, lange Zeit war ich durch viele Gründe gehindert, diesen Bericht fertigzustellen. *Aber ich hatte genug Zeit, darüber nachzudenken und kann mich deshalb kurz fassen.*" Wenn Sie mich fragen - etwas mehr Voltaire könnte mancher Betriebsanleitung nicht schaden! In einem von mir geleiteten Unternehmen galten dazu ein Merksatz und ein Grundsatz.
Der Merksatz lautete: *Wer unverständliche Sätze schreibt, hat nicht genügend nachgedacht.*
Der Grundsatz war: *Kein Text verläßt das Haus, bevor er nicht eine Nacht lang geschlafen hat.*

Der treffende Ausdruck.

Natürlich macht es der *kurze Satz allein* nicht aus, daß die Betriebsanleitung verstanden wird.
Der *treffende Ausdruck* ist ein ebenso wichtiges Kriterium. Nicht nur für das Verstehen, sondern auch für die Lesemotivation.
Eine der schlechtesten Formulierungen in Betriebsanleitungen:
Dic Maschinc *bcsitzt...* (z.B. einen Regler).
Eine Maschine kann nichts besitzen! Warum nicht so:
Die Maschine *ist ausgestattet mit...*
ist ausgerüstet mit...
ist versehen mit...
oder ganz einfach: *die Maschine hat...*

[26] *Voltaire, Dichter und Philosoph, 1694 –1778*

Ein anderes schlimmes Beispiel aus meiner Sammlung:
Wenn die Maschine *aus* ist ... (Kein Kommentar!)
Die treffenden Ausdrücke brauchen Sie sich nicht aus den Fingern saugen; die stehen Ihnen in unbegrenzter Auswahl zur Verfügung. [*30*]

Luft rauslassen

Umständliche Formulierungen blähen die Betriebsanleitung nicht nur unnütz auf, der Anwender verliert auch die Lust am Lesen. Ein Beispiel:

Dieser Sensor *hat den Zweck, ...*
– dient dazu, ...
– ist dafür gedacht ...
– ist dazu bestimmt, ...
Warum nicht einfach so:
Dieser Sensor soll ...
oder:
Dieser Sensor registriert...
Na bitte!

Informationen gruppieren

Fassen Sie Einzelinformationen in Gruppen zusammen. Schreiben Sie vor mehreren Einzelinformationen einen zusammenfassenden Satz über das, was folgt. So geben Sie dem Anwender das sichere Gefühl, daß er den Sachverhalt gut überblickt. Ein Beispiel dazu finden Sie beim Klären der Eingangsfragen zur Normen-Recherche, Seite 68.
Was für Einzelinformationen gilt, das gilt auch für die Gesamtgliederung und das Inhaltsverzeichnis. Das heißt, der Anwender muß aus dem logischen Aufbau der Hauptkapitel erkennen können, wo er welche Instruktion findet.
Ein Inhaltsverzeichnis, das nur Sichworte als Kapitelüberschriften auflistet, taugt nichts. Ein gutes Inhaltsverzeichnis erkennt der Anwender vor allem

an aussagefähigen Kapitelüberschriften, z.B.: *Normen recherchieren* (nicht nur: *Normen*).
Ein gutes Inhaltsverzeichnis liest sich wie eine Kurzanleitung.

Den Anwender schlau machen

Je mehr der Anwender über seine Arbeit weiß, desto mehr ist er motiviert. Dabei geht es vor allem um solche Informationen, die ihn für den Umgang mit der Maschine kompetenter machen. Daß das nicht nur lose hingeworfene Formeln sein können, versteht sich von selbst. Wenn es schon Formeln sein müssen, dann sollten sie mit Pfiff und Pep dargestellt werden. Vergessen Sie nicht, die Formel zu erklären. Ein gutes Beispiel zeigt Abb. 45, Seite 130.
Bei komplizierten Sachverhalten sind Diagramme zu empfehlen. Auch Diagramme müssen Sie erklären.
Daß der Bedienvorgang keinesfalls durch diese Zusatzinformationen blockiert werden darf, hatten wir schon auf Seite 62 erörtert. Deshalb sind Zusatzinformationen in einem besonderen Kapitel am besten aufgehoben.

Es erfolgt...

oft nichts, wenn eigentlich *etwas erfolgen sollte!*
Dazu ein Beispiel aus einer Betriebsanleitung:
Wenn der Drehzahlmesser 3000 U/min anzeigt, erfolgt die Zuschaltung des Servogetriebes.
Für den Anwender ist nicht klar:

– *muß ich das tun?*
– *muß das unbedingt getan werden?*
– *geschieht das automatisch?*

Deshalb: Vergessen Sie das Verb *erfolgen.* Denn darauf folgt (fast) immer ein substantiviertes Verb – so wie oben: *Zuschaltung* statt *zuschalten.*

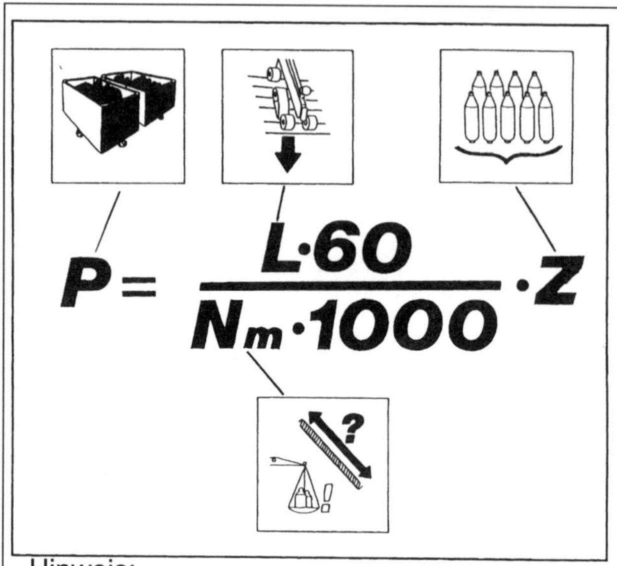

Hinweis:
Als Maschinenproduktion bezeichnen wir die Garnmenge, die in einer bestimmten Zeiteinheit geliefert wird. Die obige Formel gibt die Maschinenproduktion pro Stunde an.
Dabei bedeuten:

P = Maschinenproduktion in Kilogramm pro Stunde
L = Lieferung in Metern pro Minute
Z = Anzahl der Spindeln
Nm = Garnnummer (Feinheit) in Metern pro Gramm

Abb. 45: Den Anwender schlau machen (Originaltext)

Weil das meiste nicht von selbst erfolgt,

deshalb muß der Technikautor den Anwender anleiten, eine Handlung auszuführen. Das haben wir bereits im Kapitel 3.1.7.4, Seite 87 festgestellt.
Jetzt müssen Sie nur noch entscheiden, welche Art der Handlungsanleitung Sie bevorzugen. Es gibt

nach der deutschen Grammatik viele Möglichkeiten, eine Handlungsanleitung zu formulieren. Die zwei wichtigsten bilden:

1. der Imperativ (eine *persönliche* Befehlsform)
2. der Infinitiv (eine *unpersönliche* Befehlsform).

Die persönliche Befehlsform erreichen Sie dadurch, daß Sie das Verb an den Anfang des Satzes stellen, also:

Drücken Sie den Startknopf.

Die unpersönliche Befehlsform erreichen Sie dadurch, daß Sie das Verb an das Ende des Satzes stellen, also:

Startknopf drücken

Nun gibt es zahllose Erörterungen, welche Form für Betriebsanleitungen die bessere sei. Die Praxis hat gezeigt, daß beide Formen für Betriebsanleitungen gleich gut geeignet sind. Dabei soll der Anwender nicht herumkommandiert werden. Er bekommt so ganz einfach klare Vorgaben, was er tun muß.
Die Unterschiede der beiden Formen sind:

Den Anwender ansprechen oder nicht?

Mit der persönlichen Befehlsform sprechen Sie den Anwender persönlich an. Dabei ist der Höflichkeitseffekt Nebensache; er ergibt sich einfach aus der Satzstellung. Ob Sie den Anwender mit Sie oder Du ansprechen, ist wohl eine Altersfrage der Zielgruppe. Das kann aber auch vom Produkt abhängen; z.B. im Hobby- und Freizeitmarkt. Gut ist diese Form der Handlungsanleitung dann, wenn der Text häufig zwischen informativer Beschreibung und instruktiver Handlungsanleitung wechselt. Nicht zu

unterschätzen ist auch eine gewisse Signalwirkung, durch die der Anwender auf die Handlungsanleitung aufmerksam wird.
Mit der unpersönlichen Befehlsform werden durch die Satzstellung die *Bedienteile* zuerst genannt. Deshalb ist diese Form besonders bei mehreren aufeinanderfolgenden Handlungsanleitungen gut geeignet, z.B.:

1. Tastatur anschließen
2. Schalter A drücken
3. LED 1 kontrollieren
4. Transportband zuschalten
5. Klebestellen überprüfen
6. Karton vom Transportband nehmen...

Handlungsanleitungen können Sie zur besseren Übersicht auch hervorheben durch:

- Tabulatorspung
- fortlaufendes Numerieren (siehe oben)
- Voranstellen von Signalpunkten oder Anstrichen.

3.2.3 Die Bildkonzepte erstellen

Jede Reise braucht einen Plan. Niemand käme auf die Idee, von Berlin nach Idar-Oberstein oder von München nach Königs Wusterhausen zu reisen, ohne vorher die Route festzulegen. Es sei denn, er war dort schon einmal und hat deshalb die Route im Kopf. Alles andere wäre ein Abenteuer, dessen Aufwand an Zeit und Geld erst nach der Ankunft feststünde.
Leider verhalten sich viele Technikautoren genau so, wenn es um die Grafik geht. Entweder bekommt der Grafiker den Auftrag, er solle *das mal zeichnen*, er wisse schon wie. Oder der Technikautor spielt am Computer tagelang die faszinierenden Möglichkeiten des Grafikprogramms durch. Beides kostet Zeit und Geld, und zum Schluß ist selten das

daraus geworden, was erforderlich war. Hier fehlen Bildkonzepte – die Fahrpläne zur Visualisierung der Betriebsanleitung.
Worauf kommt es an? Didaktische Grafik ist gefragt! Didaktische Grafik bedeutet: Bilder, die Instruktionen so vermitteln, wie der Anwender sie verstehen muß. Deshalb macht didaktische Grafik auch Zusammenhänge deutlich, die der Anwender nicht immer wahrnehmen kann. Die Abb. 46 und Abb. 49, Seite 136 zeigen Beispiele. Solche Bilder sind aber nur dann lernwirksam, wenn sich Grafik und Text ergänzen. [*31*]
Erstellen Sie deshalb Ihre Bildkonzepte immer parallel zum Klartext. Wenn der Technikautor seinen Quelltext in die konkrete Sprachform umsetzt, dann erkennt er am sichersten, welche Bilder das Beschreiben vereinfachen. Oder welcher Text zum besseren Verständnis ein Bild erfordert. Das bedeutet aber auch, daß Bild und Text aufeinander abgestimmt sein müssen.

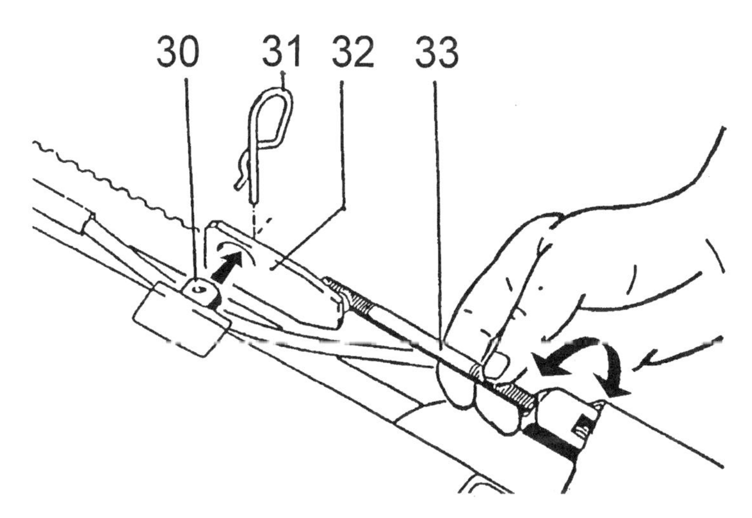

Abb. 46: Didaktische Grafik: Krautheberneigung einstellen

Die Abb. 46, Seite 133 zeigt, worum es geht. Hier kann mit wenigen ergänzenden Sätzen erklärt werden, wie diese Einstellung vorzunehmen ist. Versuchen Sie das mal ohne Bild! Unverzichtbar sind auch hier die Positionsnummern der bedienwichtigen Teile. Daß hier auch die Anordnung im Uhrzeigersinn durchgehalten werden konnte, ist seltenes Glück.
Bildkonzepte sind nicht nur Regieanweisungen für Grafiker, sondern auch für Fotografen. Andernfalls bezahlen Sie vieles, was Sie weder wollten noch brauchen. Nur so hat auch Ihr Projektpartner eine reelle Chance, Ihre Ideen umzusetzen. Und nur so kann ein externer Mitarbeiter einen realistischen Kostenvoranschlag abgeben. Und Sie können die leistungsgerechte Rechnung exakt überprüfen. Mißverständnisse auf beiden Seiten sind so leicht zu vermeiden.

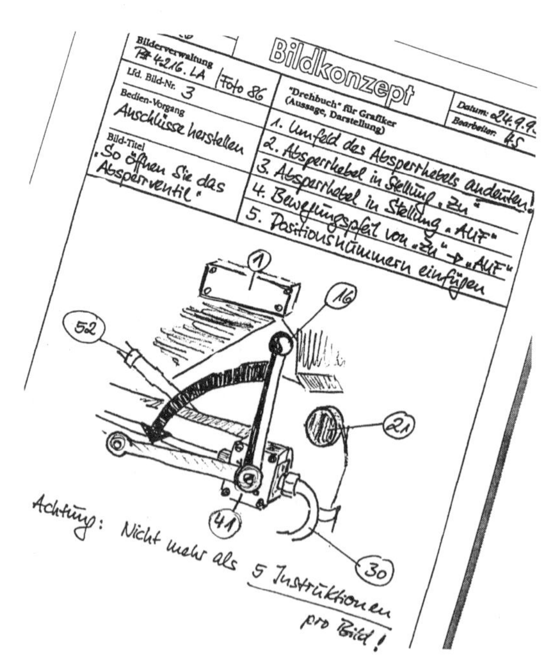

Abb. 47: Ein Bildkonzept

Bildkonzepte sind auch dann zu empfehlen, wenn Sie die Bilder selbst anfertigen. Dann sind Bildkonzepte Ihr eigener Fahrplan, damit Ihnen der (Computer-)Spieltrieb keinen Streich spielt.
Das Beispiel eines Bildkonzepts zeigt Abb. 47 Seite 134. Das Formular dazu finden Sie in Abb. 64, Seite 193.
Viele Texte bleiben trotz zusätzlicher Bildinstruktion unverständlich. Nämlich dann, wenn Archiv-Bilder verwendet werden, die nur so ähnlich aussehen, wie das, was wirklich gezeigt werden müßte. Oder wenn Technische Zeichnungen herhalten müssen, weil die ja sowieso vorhanden sind. Und weil Bilder Geld kosten, denkt niemand mehr an den Anwender, der Technische Zeichnungen überhaupt nicht lesen kann.
Technische Zeichnungen sind in Betriebsanleitungen nur dann erlaubt, wenn sicher ist, daß der Anwender sie versteht und auch benötigt. Oder wenn geschlossene Bauteile dargestellt werden, deren Lage im Gerät in einer weiteren Grafik erkennbar ist. Ein Beispiel zeigen die beiden folgenden Abbildungen. Die in Abb. 48 als Technische Zeichnung dargestellte Ölpumpe ist in Abb. 49 unter Pos. 17 in schnell zu finden.

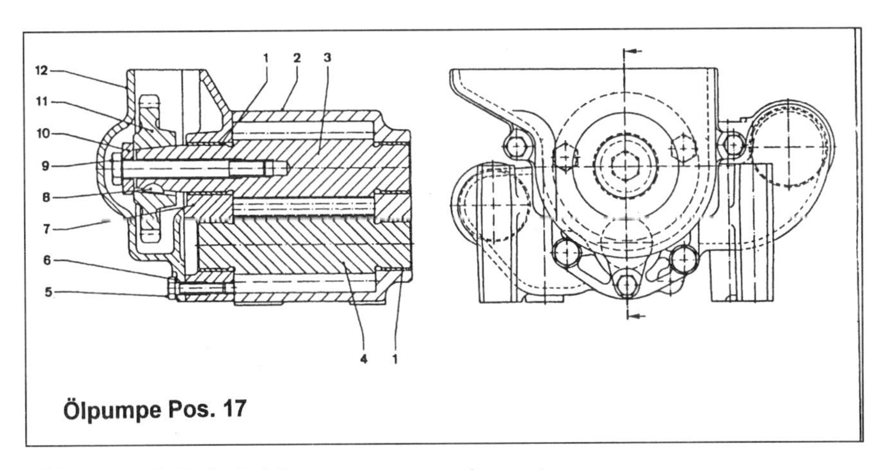

Abb. 48: Technische Zeichnungen nur ausnahmsweise

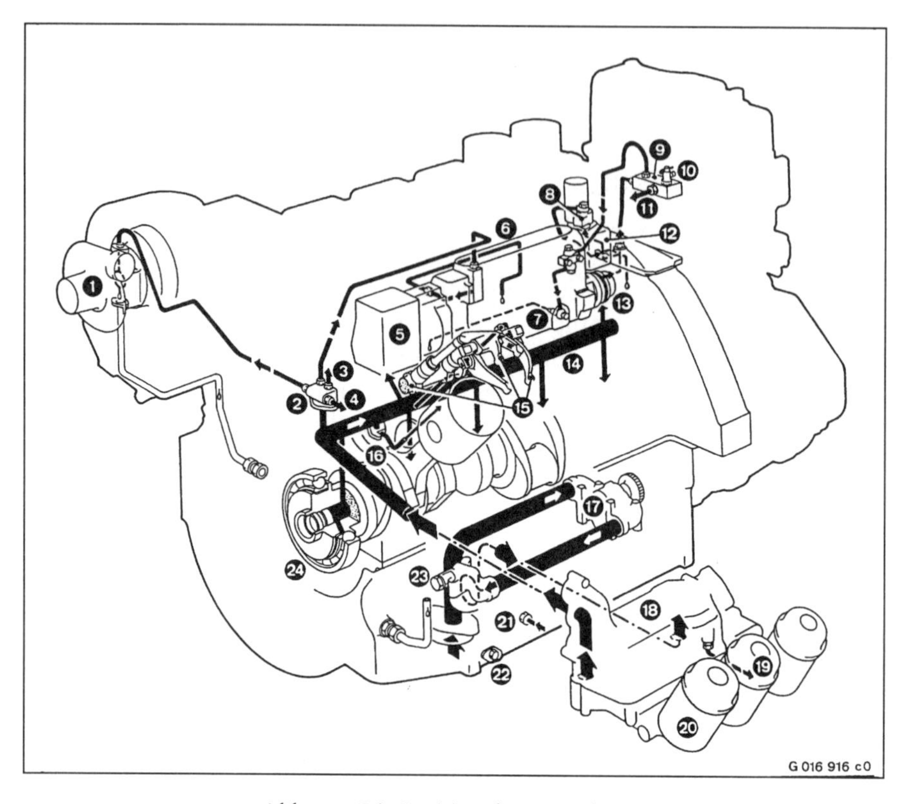

Abb. 49: Die Position des Bauteils im Gerät

Die 3 Regeln zum Bildkonzept

1. Machen Sie sich klar, welches Situationsbild erforderlich ist:

- ein Startbild
  – so sieht die Situation *jetzt* aus
- ein Zielbild
  – so wird die Situation aussehen, nachdem ich den Bedienschritt beendet habe.
  Von beiden Bildarten gibt es auch eine Mischform, die oft aus wirtschaftlichen Überlegungen eingesetzt wird. Ein Beispiel zeigt die Abb. 11, Seite 45 (der Hebel ist in der Ausgangs- *und* Endposition dargestellt).

2. Kein Bild (außer der Gesamtabbildung!) zeigt mehr als 5 Informations-Details
3. Jedes Bild bekommt einen Bild-Titel und eine Bild-Nummer (auf die im Anleitungstext Bezug genommen wird).

Arbeitsanleitung

Diese Gelegenheit zu einer unterhaltsamen Übung wollen wir uns nicht entgehen lassen: Erstellen Sie ein Bildkonzept zu einer Dampflokomotive mit 3 Kuppelrädern (Seitenansicht). Stellen Sie nur einen Ausschnitt dar, der den Führerstand und die Kuppelräder zeigt. Jedoch muß der Dampfdom deutlich hervorgehoben werden.

Abb. 50: Der Dampfdom

Meine Empfehlung finden Sie in Lösung 6: Bildkonzept, Seite 186.

3.2.4 Die Korrektur der Textversion 2

Wir haben jetzt einen vollständigen Text erstellt. Ein typografisches Seitenlayout mit Bildpositionen gibt es noch nicht. In der vorliegenden Textversion sind wir schon sehr konkret geworden. Grundsätzliche Mißverständnisse und sachliche Unrichtigkeiten müssen jetzt aufgespürt und ausgeräumt werden. Es ist empfehlenswert, die Textversion 2 in mehreren Exemplaren zur Korrektur an kompetente Kollegen zu verteilen. Gute Kollegen korrigieren nur schriftlich und mit Unterschrift. Daß diese Unterschrift oft nur ungern geleistet wird, ist verständlich.

Bei einem rheinischen Maschinenhersteller konnte ein millionenschwerer Exportauftrag nicht ausgeliefert werden, weil die Technische Dokumentation nicht komplett war. Deshalb mußte der Konstruktionsleiter seine Flitterwochen in der Karibik unterbrechen und auf eigene Kosten ins kalte Europa zurückkehren. Er hatte nämlich vor seiner Abreise versäumt, die letzte Korrekturfassung der Betriebsanleitung mit 300 Seiten Umfang abzuzeichnen und freizugeben. Der Leiter der Technischen Dokumentation hatte sich geweigert, die Betriebsanleitung auf eigene Verantwortung fertigzustellen und aus dem Haus zu geben.

Dieser Vorgang könnte so manchen zum Nachdenken bringen. Auch meine Erfahrung ist: Es wird nichts gedruckt, was nicht sachkundig und verantwortlich geprüft und freigegeben wurde.

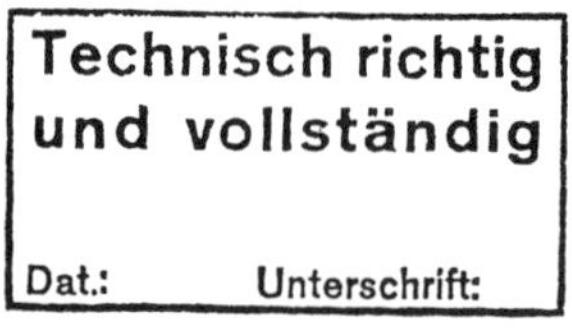

Technisch richtig
und vollständig

Dat.: Unterschrift:

Abb. 51: Der gefürchtete Stempel

> Ein Schreiber erkennt die Probleme immer etwas genauer. (E. Ionesco)

Das Wichtigste aus Kapitel 3.2.2 bis 3.2.4

- Nur wenn Sie den Text und die Bildkonzepte parallel erstellen, können Sie leicht erkennen, welche Bilder wichtig sind.
- Mit Bildkonzepten sagen Bilder das aus, was beabsichtigt war.
- Prüfen Sie die Textversion 2 besonders sorgfältig.

3.3 Phase 3: Die Fakten verdichten

In diesem Abschnitt bekommt unsere Betriebsanleitung den letzten Schliff. Vor allem werden jetzt die Bilder auf Richtigkeit geprüft, der Endtext wird verabschiedet und die Kurzanleitung wird erstellt.

3.3.1 Die Bilder prüfen

Inzwischen sollte die erste Fassung der Bilder fertiggestellt sein. Nachdem auch das Korrekturergebnis der Textversion 2 vorliegt, müssen die Bilder geprüft werden. Es geht vor allem darum, ob
- die Text- und Bildaussagen übereinstimmen,
- alle Anforderungen aus dem Bildkonzept umgesetzt wurden,
- Konstruktionsänderungen eingetreten sind, die in den Bildern berücksichtigt werden müssen.

Ein Beispiel, wie sich Konstruktionsänderungen auswirken können, zeigt der Vergleich zwischen dem Bildkonzept (Abb. 47, Seite 135) und der Endfassung (Abb. 11, Seite 45): der Sicherungskasten (1) ist inzwischen verschwunden.
Wenn die Bilder geprüft sind, dann müssen mögliche Korrekturen bei der Endfassung berücksichtigt werden.

3.3.2 Den Endtext erstellen (Textversion 3)

Die Korrektur der Textversion 2 ist die Arbeitsgrundlage für den Endtext. Technisch komplizierte Vorgänge, Unklarheiten und mögliche Mißverständnisse müssen eindeutig aufgeklärt werden. Nehmen Sie keine Korrekturen aufgrund von Vermutungen vor. In dieser Phase werden die inzwischen fertiggestellten Bilder in den Text übernommen. Achten Sie beim endgültigen Layout darauf, daß Bilder und zugehöriger Text einander gegenüberstehen. Überprüfen Sie, ob Instruktionen durch Verweise auf benachbarte Bilder verdichtet werden können. Vermeiden Sie aber möglichst Verweise auf Bilder, die mehrere Seiten vorher stehen oder nachfolgen.
Textversion 3 sollte in Layout und Typografie der Endversion entsprechen.

3.3.3 Die Kurzanleitung

Die Konzeption
Seite 141

Wenn ein Anwender im Unternehmen an eine andere Maschine wechselt, dann wird er die Informationsinhalte der bisherigen Fertigkeiten schnell vergessen. Dasselbe erlebt der Heimwerker, wenn er statt mit der Stichsäge für einige Zeit mit dem Sägevorsatz der Bohrmaschine arbeitet.
Die Ursache liegt darin, daß sich der Anwender mit dem neuen Arbeitsgerät intensiv beschäftigen muß. Die Folge ist, daß die alten Informationsinhalte durch die neuen Informationen gestört werden. Dabei werden Informationsinhalte der früher gelernten Fertigkeiten umso intensiver gestört, je ähnlicher die alten und die neuen Informationsinhalte sind.
Ebenso kann ein Anwender an seinem neuen Arbeitsplatz Probleme haben, mit der neuen Maschine zurecht zu kommen. Und zwar deshalb, weil das „Neu-hinzu-Lernen“ durch das „Früher-Gelernte“ erschwert wird.

Daraus erklärt sich auch, warum ein Anwender, der an seinen früheren Arbeitsplatz zurückkehrt (etwa nach dem Urlaub), ähnliche Schwierigkeiten hat wie einer, der einen völlig neuen Arbeitsplatz einnimmt. Auch in diesem Fall spielt die *Ähnlichkeit der beiden Lernstoffe* die bereits erwähnte Rolle. [29]
Diese Erkenntnisse machen die Bedeutung einer Kurzanleitung am Arbeitsplatz klar.

Die Konzeption der Kurzanleitung

Berücksichtigen Sie bei der Kurzanleitung die Zielgruppe(n) ebenso, wie bei der ausführlichen Betriebsanleitung. Das ist deshalb wichtig, damit der Anwender nicht durch einen Stilbruch zwischen Betriebsanleitung und Kurzanleitung verunsichert wird.
Die Kurzanleitung soll riskante Anfangsfehler beim Gebrauch eines technischen Arbeitsmittels verhindern. Vor allem soll sie einen erfahrenen Anwender dabei unterstützen, sich schnell wieder mit dem Gerät zurechtzufinden. Sie soll aber auch einem Anwender, der das Gerät nicht kennt, zum schnellen Produktnutzen verhelfen.
Ich höre deutlich den Aufschrei der Experten: Eine Kurzanleitung darf nur derjenige benutzen, der die Betriebsanleitung vollständig gelesen und verstanden hat.
Sehr wahr! So ist es und so muß es auch auf der Kurzanleitung deutlich aufgedruckt sein. Nicht nur zum Schutz des Anwenders, sondern auch zum Schutz des Herstellers.
Aber es wird wohl niemand widersprechen, wenn ich behaupte, daß die Wirklichkeit ganz anders aussieht. Da stürzt sich der Heimwerker voller Erwartung auf die neuerworbene Maschine, guckt schnell in die Kurzanleitung – und schon geht es los!

Ein typischer Fall von Denkste!

Der Arbeitnehmer kehrt nach seinem Urlaub an den angestammten Arbeitsplatz zurück, schaltet

seine Maschine ein und hat die Sache nach einigen Versuchen auch schon wieder im Griff. Oder auch nicht!
Beide Szenen sprechen nicht gegen, sondern für die Kurzanleitung. Aber eines muß ganz klar sein: Die Kurzanleitung ist keine kostengünstige Ersatzversion für die vollständige Betriebsanleitung. Anderer Meinung schien ein Hersteller zu sein, der mir einmal sagte: *Tolle Idee! Da machen wir doch nur eine Kurzanleitung – alles andere liest sowieso keiner*!
Falls Sie Zweifel am Nutzen einer Kurzanleitung haben: Ist Ihnen aufgefallen, daß die Seiten 50 bis 54 dieses Buches eine Kurzanleitung zum Erstellen einer Betriebsanleitung sind?
Als kleine Übung bietet sich die Kurzanleitung für ein Gerät an, das Sie gut kennen.

✍ *Arbeitsanleitung*

Erstellen Sie eine Kurzanleitung für einen Haartrockner, auch *Fön* genannt. (Übrigens: *Fön* ist seit den 20er Jahren der geschützte Markenname der AEG für Haartrockner. Wenn das kein gutes Marketing ist!).
Vergessen Sie die Zielgruppe und deren Gebrauchsgewohnheiten nicht. Überlegen Sie, ob diese Kurzanleitung ausschließlich aus Bildern bestehen könnte.
Übrigens: Eine Kurzanleitung muß auch alle erforderlichen Sicherheitshinweise enthalten!
Meine Empfehlung finden Sie in Lösung 7: Kurzanleitung, Seite 187.

Das Wichtigste aus Kapitel 3.3

- Haben Sie alle Bilder geprüft?
- Haben Sie den Text abschließend geprüft?
- Haben Sie die Kurzanleitung erstellt?

3.4 Phase 4: Die Endkontrolle

> Wenn Sie meine Anregungen umgesetzt haben, dann kennen Sie jetzt das Rezept für eine sichere Betriebsanleitung – ohne die auf Seite 49 genannten Fehler!
> Vor dem Anwendertest wollen wir die Betriebsanleitung noch der Prüfung mittels einer Checkliste unterziehen. Danach folgt in Kürze alles, was Sie über den Anwendertest wissen müssen

Die Endkontrolle sollte eigentlich nur noch symbolischer Art sein. Aber die Erfahrung lehrt etwas anderes. Lassen Sie sich deshalb auch nicht von Kollegen beeinflußen, die das alles nicht mehr sehen wollen, weil sie angeblich schon davon träumen! Was Sie jetzt freigeben, das wird auch unwiderruflich gedruckt! Fehler, die jetzt übersehen werden, lassen sich später nur teuer korrigieren. Von dem Ärger mal abgesehen.
Bei manchen Maschinen oder Geräten kann es sinnvoll sein, vor dem Druck der Betriebsanleitung ein Sachverständigen-Gutachten einzuholen. Die haftungsrechtlichen Folgen bei Verletzung der gesetzlichen Instruktionspflichten rechtfertigen dies in vielen Fällen.

3.4.1 Eine schnelle Checkliste

Benutzen Sie die folgende Checkliste für Ihre Betriebsanleitung. So finden Sie schnell heraus, ob Ihre Betriebsanleitung alle grundsätzlichen Anforderungen erfüllt.
Bei der Entwicklung dieser Checkliste war es mein Ziel, ein Kontrollinstrument zu schaffen, das nicht nur auf fertige Texte angewandt werden kann. Die-

se Einschränkung wurde in der Fachliteratur immer wieder zu Recht beanstandet. [*31*]
Die folgende Checkliste können Sie zu Ihrer Arbeitsgrundlage für nahezu alle Arten von Betriebsanleitungen erklären. Die päzise Formulierung der einzelnen Checkpunkte erlaubt weitgehend objektive Vorgaben und Bewertungen.
Dies ist nur die verkürzte Darstellung eines professionellen Testprogramms mit EDV-Auswertung, das mehr als 150 Checkpunkte berücksichtigt. Deshalb wurden hier nur die wichtigsten Kriterien erfaßt – und zwar diese:

- GLIEDERUNG
- VERSTÄNDLICHKEIT
- VISUALISIERUNG
- BEDIENSICHERHEIT
- AUFMACHUNG.

Hierzu vorab folgende Erläuterung:
Die Bewertung beginnt bei der Gesamtkonzeption, d.h. der „GLIEDERUNG" der Instruktionen im Hinblick auf die übersichtliche Darbietung.
Das Kriterium der „VERSTÄNDLICHKEIT" umfaßt die sprachliche Qualität ebenso wie die sachliche Vollständigkeit der Instruktionen und die lernlogische Darstellung.
Das Kriterium „VISUALISIERUNG" bewertet die Umsetzung von Text-/Bildinstruktionen und das ausgewogene Verhältnis der beiden Informationsträger zueinander. Ebenso wird bewertet, ob Abbildungen und Text in eindeutiger Beziehung zueinander dargestellt sind.
Danach folgt die Bewertung der „BEDIENSICHERHEIT". Hier ist der Hinweis angebracht, daß alle bisher genannten Kriterien in den Sicherheitsbereich hineinwirken.
So machen eine mangelhafte Sprachqualität und unverständliche Abbildungen die gesamte Anleitung unverständlich. Das bedeutet, daß auch ein tech-

nisch sicheres Produkt durch eine unverständliche Betriebsanleitung gefährlich werden kann. Erhebliche Haftungsrisiken für den Hersteller oder den Betreiber können die Folge sein!
Auch die „AUFMACHUNG“ trägt zur Güte einer Betriebsanleitung bei. Die besten Fotos auf schlechtem Papier, wichtige Instruktionen in winziger Schrift nutzen nur wenig. Ein kaum regelbarer Prozeß ist die Gestaltung des Layouts und der Typografie. Auch die Orientierung am Corporate Design nutzt oft wenig. Dabei sind gerade diese Faktoren wichtig für die Lesemotivation des Anwenders. Eine Betriebsanleitung, die nicht motiviert, ist nicht nur wertlos, sondern auch haftungsrelevant.

Der Test

Anleitung zum Test Ihrer Betriebsanleitung:

1. Lesen Sie die folgenden Fragen genau.
2. Beantworten Sie jede Frage.
3. Kreuzen Sie „Ja“ oder „Nein“ an.

Bewertung der GLIEDERUNG

Jede Information wird leichter und schneller verstanden, wenn sie richtig gegliedert ist. Die Bedeutung der einzelnen Informationsteile muß aus den Abschnitten selbst zu erkennen sein.

		Ja	Nein
1.	Gibt es ein Inhaltsverzeichnis?		
2.	Läßt das Inhaltsverzeichnis eine klare Gliederung der Betriebsanleitung erkennen?		
3.	Stimmen die Kapitel-Überschriften im Inhaltsverzeichnis mit denen im Anleitungstext überein?		
4.	Stimmen die Seitenangaben im Inhaltsverzeichnis mit den Seitenzahlen im Anleitungstext überein?		
5.	Gibt es ein Verzeichnis der Abbildungen?		
6.	Sind die Abschnitte für Rüsten, Betreiben und Warten klar voneinander getrennt?		
7.	Sind die Bedienschritte stets in der Reihenfolge der Bedienung beschrieben?		
8.	Sind Hauptinformationen von Nebeninformationen klar getrennt (z. B. durch Farbe, Umrandung, Fett- oder Kursivschrift, Unterstreichungen, Unterteilung der Kapitel)?		
9.	Wenn die Betriebsanleitung mehrere Sprachen enthält: sind die Sprachen klar voneinander getrennt?		

Bewertung der VERSTÄNDLICHKEIT

Viele Betriebsanleitungen sind nur schwer verständlich. Dies liegt meist daran, daß die Urheber nur für ihresgleichen schreiben. Deshalb wird zuviel Wissen vorausgesetzt und unpräzise und oberflächlich formuliert. Nur vollständige und eindeutige Aussagen machen Betriebsanleitungen verständlicher.

		Ja	Nein
1.	Wurde(n) die Zielgruppe(n) der einzelnen Abschnitte eindeutig bestimmt?		
2.	Wurden die einzelnen Abschnitte eindeutig und erkennbar nur für die ermittelte Zielgruppe geschrieben?		
3.	Sind alle Instruktionen eindeutig und vollständig?		
4.	Sind alle Handlungsanleitungen in didaktischen Schritten erstellt?		
5.	Haben alle Handlungsanleitungen einen eindeutigen Anleitungs-Charakter?		
6.	Enthält die Betriebsanleitung Einarbeitungshinweise?		
7.	Enthält die Betriebsanleitung eine Kurzanleitung?		
8.	Haben alle Sätze im Anleitungstext weniger als 14 Wörter?		
9.	Sind alle Fachbegriffe und Fremdwörter in einem Glossar erklärt?		
10.	Sind alle Abkürzungen erklärt?		
11.	Gibt es ein Stichwortverzeichnis?		

Bewertung der VISUALISIERUNG

Betriebsanleitungen können nur dann schnell und sicher verstanden werden, wenn Bilder den Text unterstützen. Das ausgewogene Verhältnis von Bild und Text und die Aussagefähigkeit der Bilder sind wichtige Voraussetzungen. Zahlreiche Anwendertests haben das bestätigt.

		Ja	**Nein**
1.	Enthält die Betriebsanleitung eine ausfaltbare Gesamtabbildung des Geräts?		
2.	Sind in der Gesamtabbildung alle Bedienteile erkennbar?		
3.	Haben die Bedienteile in der Gesamtabbildung eindeutig zugeordnete Positionsnummern?		
4.	Sind die Positionsnummern in der Gesamtabbildung im Uhrzeigersinn angeordnet?		
5.	Entspricht die Anzahl der Abbildungen der Menge der transportierten Informationen?		
6.	Sind die Abbildungen und der dazugehörige Text stets auf einen Blick zu erfassen?		
7.	Sind alle wichtigen Bedienvorgänge bildlich dargestellt?		
8.	Sind die Tabellen und Diagramme übersichtlich gestaltet und durch Lesebeispiele erläutert?		
9.	Sind Piktogramme enthalten?		
10.	Sind alle Piktogramme erklärt?		

Bewertung der BEDIENSICHERHEIT

Immer mehr Vorschriften fordern eine hohe Betriebs- und Bediensicherheit. Nicht nur nach dem Produkthaftungsrecht gilt die Betriebsanleitung als Bestandteil des Produkts. Eine mißverständliche Betriebsanleitung ist einem technischen Produktfehler gleichwertig.

		Ja	Nein
1.	Betrifft diese Betriebsanleitung ausschließlich einen Gerätetyp (und nicht eine Serie verschiedener Gerätetypen)?		
2.	Ist der bestimmungsgemäße Gebrauch des Geräts eindeutig und ausdrücklich beschrieben?		
3.	Wird vor naheliegendem Fehlgebrauch gewarnt?		
4.	Falls die Normen zu diesem Gerät besondere Bestimmungen zum sicheren Betreiben enthalten: sind diese in der Betriebsanleitung berücksichtigt?		
5.	Sind alle Restrisiken exakt genannt, die von diesem Gerät ausgehen?		
6.	Sind alle Sicherheitshinweise am Anfang der Betriebsanleitung zusammengefaßt?		
7.	Sind die Möglichkeiten der Störungsbeseitigung verständlich erklärt?		
8.	Wird das Auswechseln oder Kontrollieren von Teilen an Gefahrenpositionen vollständig durch Abbildungen unterstützt?		
9.	Stehen Sicherheitshinweise vor der gefahrenbehafteten Handlung?		
10.	Sind die Sicherheitshinweise aussagefähig und vollständig?		

Bewertung der AUFMACHUNG

Die Qualität einer Betriebsanleitung wird nicht zuletzt durch die Aufmachung, d. h. die Gebrauchstaug-lichkeit, mitbestimmt. So wirkt sich ein großzügiges Format gut auf eine ansprechende Gestaltung aus. Die Heftung oder Bindung und die Papierqualität müssen der Beanspruchung gerecht werden. Eine gute typografische Gestaltung fördert die Lesefreudigkeit. Die Papierqualität ist wichtig für die Lebensdauer der Betriebsanleitung und die gute Wiedergabe der Abbildungen.

		Ja	Nein
1.	Entspricht das Format den Anforderungen?		
2.	Bei umfangreichen Betriebsanleitungen: sind die Abschnitte der Betriebsanleitung durch ein Daumenregister getrennt?		
3.	Entspricht der Einband den Gebrauchsbedingungen der Betriebsanleitung?		
4.	Entspricht die Papierqualität den Gebrauchsbedingungen der Betriebsanleitung?		
5.	Ist die Druckqualität so, daß der Text gut lesbar und die Abbildungen klar erkennbar sind?		
6.	Regt das Layout zum Lesen an?		
7.	Enthalten die Zeilen weniger als 50 Zeichen?		
8.	Ist die Schrift mindestens 11 Punkt groß?		

Auswertung

Diese Checkliste erfaßt nur die wichtigsten Aspekte einer Betriebsanleitung und kann deshalb nur eine Orientierung sein.
Wie kommen Sie nun zu einer aussagefähigen Bewertung? Ganz einfach:
Wenn 30 % dieser Checkpunkte nicht erfüllt sind, dann sollten Sie die Betriebsanleitung vollständig überarbeiten.
Wenn 60 % dieser Checkpunkte nicht erfüllt sind, dann vergessen Sie diese Betriebsanleitung und schreiben Sie eine neue. Andernfalls verletzen Sie mit Sicherheit Ihre Instruktionspflichten.
Selbstverständlich haben Sie bemerkt, daß bei diesem Check alle Kriterien gleichwertig behandelt wurden. Dies mag für einen schnellen Test ausreichen. Wer jedoch tiefer einsteigen will, dem empfehle ich einen Test mit gewichteten Kriterien. Eine Checkliste dazu können Sie leicht selbst erstellen. Entsprechende Anregungen finden Sie in Abb. 65, Seite 194.

3.4.2 Der Anwendertest

Ich sage es gleich: Zu einem zuverlässigen Anwendertest gehört mehr, als der Rahmen dieses Buches zuläßt. Ein Anwendertest setzt neben solidem Grundwissen in der → kognitiven Psychologie praktische Erfahrung voraus und sollte deshalb ohne sachkundige Unterstützung nicht durchgeführt werden. Trotzdem will ich den Technikautor mit diesem wichtigen Thema nicht allein lassen. Deshalb das Wichtigste in Kürze.
Worum geht es? Der Hersteller muß sicher sein, daß er nicht nur die gesetzlichen Instruktionspflichten erfüllt hat. Das kann auch intern geprüft werden. Er muß aber auch sicher sein, daß der Anwender die Betriebsanleitung benutzt und versteht. Dies wollen wir beim Anwendertest der Betriebsanleitung herausfinden.

Seit Jahren wird im deutschen Sprachraum der (nach meiner Überzeugung) falsche Grundsatz gepflegt, der Anwender müsse zum Test lediglich die Betriebsanleitung *abarbeiten.* Doch jetzt scheint Bewegung in diese starre Festlegung zu kommen. Das Verfahren des *Usability Testing* sieht völlig richtig vor, daß die Testpersonen ein Aufgabenszenario vorfinden müssen, das auch der typischen Anwendersituation bei der Produktnutzung entspricht. [*32*] Die Beteiligten eines Anwendertests sind der Leiter, der (oder die) Protokollführer, die Testperson (en) und der Technikautor.

Der Leiter:
- verfügt über die erforderlichen Fachkenntnisse,
- war bereits an der Vorbereitung des Anwendertests beteiligt, [*1*]
- erklärt den Testpersonen, daß nicht die Testpersonen getestet werden, sondern die Betriebsanleitung,
- leitet und überwacht den Testablauf.

Die Testpersonen:
- Die Anzahl der Testpersonen hängt vom Einzelfall ab (20 sind besser als 5),
- sollten der Zielgruppe angehören oder über das Wissen der Zielgruppe (oder deren Fertigkeiten verfügen),
- dürfen nicht mehr Kenntnisse haben, als die spätere Zielgruppe (damit scheiden der Konstrukteur und der Technikautor als Testpersonen aus),
- müssen informiert sein, über das, was stattfinden soll,
- haben die Betriebsanleitung vorher gelesen,[27]

---

[27] *Hier gehen die Meinungen der Experten auseinander. Ich halte es für richtig, wenn der Anwender im Test den gleichen Bedingungen unterliegt, wie der Anwender in der Praxis (siehe dazu Seite 84 und Seite 181).*

- erklären ihr Einverständnis zu den Videoaufnahmen,
- erklären, daß mit dem vereinbarten Honorar alle Ansprüche abgegolten sind,
- haben den Auftrag, nur das zu tun, was in der Betriebsanleitung steht.

Ablauf:
- für jede Testperson steht ein Protokollführer zur Verfügung,
- der Protokollführer verfügt über die vorbereiteten Formulare,
- der Protokollführer verfügt über ein Banddiktiergerät (mit Bandzählwerk),
- von Anfang an (je Testperson) eine Videocamera einsetzen,
- von Anfang an Stoppuhr einsetzen (dient dem sicheren Auffinden von Video-Bandstellen),
- bei Unverständnis einer Testperson während des Tests: Zunächst nicht eingreifen, aber protokollieren,
- bei anhaltendem Unverständnis dann eingreifen, wenn der Abbruch des Tests droht,
- nach jeweils einer Stunde eine Pause einlegen, den Raum verlassen und Gespräche über den Testverlauf geschickt unterbinden,
- der Technikautor hat keine Sprecherlaubnis mit den Testpersonen.

Protokoll zum Ablauf:
- Art des Geräts, Beginn und Ende des Tests,
- Namen, Geb.-Datum, Adressen von Testpersonen und anderen Anwesenden,
- Einverständnis der Testpersonen zu Videoaufzeichnungen und zum Archivieren derselben einholen.

Protokoll bei Störungen (z.B. Unverständnis einer Testperson):

- Papierprotokoll oder Ansage auf Banddiktiergerät (Bandzählwerk im Protokollformular vermerken),
- Video-Bandstelle oder Stand der Stoppuhr notieren,
- Seite der Betriebsanleitung notieren,
- Vor- und zurückblättern der Testperson in der Betriebsanleitung protokollieren (wo, von wo wohin).

In vielen Fällen deckt der Anwendertest Schwachstellen in der Betriebsanleitung auf. Diese müssen geprüft und überarbeitet werden.
Das erstellte Protokoll und die Aufzeichnungsbänder des Anwendertests werden archiviert und damit zum Bestandteil der internen Technischen Dokumentation.

Das Wichtigste aus Kapitel 3.4

- Machen Sie die letzte Überprüfung nach Checkliste unbedingt vor dem Anwendertest.
- Nach dem Anwendertest:
  - Werten Sie das Protokoll aus,
  - überarbeiten Sie die Schwachstellen der Betriebsanleitung,
  - Überprüfen Sie die Anregungen der Testpersonen auf Verwertbarkeit.

3.5 Geschafft!

> Jetzt folgt das Wesentliche zur Übersetzung der Betriebsanleitung und etwas Juristerei zur Absicherung des Herstellers.

Wenn alles getan ist, dann sollte der Hersteller geeignete Maßnahmen treffen, die ihn vor zukünftigen, unerwünschten Vorkommnissen schützen. Dasselbe gilt für den Technikautor, der sich der Mitwirkung von Helfern bedient hat. Bewährt hat sich hier eine Eidesstattliche Erklärung des Technikautors (oder von dessen Helfer). In dieser Erklärung steht, daß er die Berufsgrundsätze nach bestem Wissen und Gewissen eingehalten hat. Diese Erklärung ist vor dem Notar abzugeben und wird zusammen mit einem Exemplar der Betriebsanleitung (als Papier und auf Datenträger) beim Notar versiegelt und dort hinterlegt. [*1*]

Für alle Fälle: eine eidesstattliche Erklärung des Technikautors

Nun mag so mancher der Meinung sein, das sei für eine Betriebsanleitung doch etwas viel Aufwand. Ich bin der Meinung, daß dieser Aufwand im Verhältnis zu anderen möglichen Folgen nur gering ist. Dabei ist auch zu bedenken, daß der Technikautor in einigen Jahren vielleicht als Entlastungszeuge nicht mehr zur Verfügung steht.

3.5.1 Übersetzungen für Europa und die Welt

Genau wie das Gerätesicherheits-Gesetz in Deutschland Betriebsanleitungen in deutscher Sprache vorschreibt, so haben auch andere Staaten entsprechende nationale Vorschriften für das Inverkehrbringen technischer Arbeitsmittel. Es ist also nicht nur eine Frage der Wettbewerbsfähigkeit, ob Betriebsanleitungen übersetzt werden oder nicht.

Ganz klar und unmißverständlich ist die Frage EU-weit für Maschinen geregelt. Die EG-Richtlinie

Maschinen schreibt nämlich vor, daß Betriebsanleitungen in der (den) Sprache(n) des Verwenderlandes abgefaßt sein müssen (siehe dazu Kapitel 5.1, Seite 169).
Da die EG-Richtlinie Maschinen EU-weit identisch gilt, muß der Hersteller dafür sorgen, daß seine Betriebsanleitung auch im Verwenderland leicht verständlich ist. Das heißt konkret, daß die quasi-Übersetzung eines gutwilligen Mitarbeiters (*...der Mann fährt doch jedes Jahr nach Frankreich in Urlaub...*) nicht ausreicht. Hier müssen also Muttersprachler zu Werke gehn! Auch wenn es riesig schwierig ist, gute Übersetzer mit genau diesen Produktkenntnissen zu finden! Dieses Problem ist jedem Technikautor bekannt.
Um so mehr muß es da verwundern, wenn in einer sogenannten *Entscheidungshilfe* eines Wirtschaftsverbandes empfohlen wird, der Hersteller möge lediglich die *Sicherheitshinweise* übersetzen.
Wer so etwas empfiehlt, muß zum Thema *Sprachfunktion* noch einiges dazulernen. Denn Sicherheitshinweise werden (wie bereits auf Seite 118 erwähnt) vor allem durch Zusatzinformationen aus dem Kontext verstanden.
Mal ein Beispiel: Was halten Sie von folgendem Sicherheitshinweis ?

> *Holzwürmer dürfen nur in verschlossenen Krügen mitgenommen werden!*

Abb. 52: Die Verladevorschrift zur Arche Noah

Sie sehen: Jetzt ist alles klar! Ohne die Zusatzinformation des Bildes hätten Sie niemals verstehen können, was es mit diesem Sicherheitshinweis auf sich hat! Stimmt's?
Zum Stichwort *Übersetzungen* ist der Hinweis auf entsprechende Software wichtig. Die inzwischen entwickelten Programme leisten Erstaunliches, auch wenn die menschliche Nachbearbeitung unverzichtbar bleiben wird. Für Technikautoren dürfte vor allem interessant sein, daß sich software-interne Wörterbücher bereits durch eigene Fachbegriffe ergänzen lassen. [*33*]
Wenn die Übersetzung der Betriebsanleitung schließlich vorliegt, dann wird auch die Frage diskutiert: Wie kann man das kontrollieren. Die Frage ist be-

rechtigt, denn der Hersteller haftet im Rahmen seiner Instruktionspflichten auch für die Folgen einer schlechten Übersetzung. Die Antwort mag unbequem sein, aber es ist die einzig zuverlässige Möglichkeit: Prüfen Sie die fremdsprachige Betriebsanleitung genauso, wie Sie die deutschsprachige Betriebsanleitung prüfen – durch einen Anwendertest (siehe Kapitel 3.4.2, Seite 151).
Mit aktiver Beteiligung der tekom (siehe Seite 216) an dem Normungsvorhaben *DIN 002345 Übersetzungen, Qualitätsforderungen und Merkmale* ist zur Zeit auch ein Normentwurf in Vorbereitung. Nach der Veröffentlichung können Übersetzer erklären, daß sie auf der Grundlage dieser Norm arbeiten. Es ist zu hoffen, daß die Inhalte der Norm eine qualitative Definition von Übersetzerleistungen zulassen.

3.5.2 Wichtige Formalien zum Schluß

Die Betriebsanleitung – so wissen wir inzwischen – ist Bestandteil des Produkts. Das heißt aber auch: Wenn der Hersteller das Produkt ohne Betriebsanleitung liefert, dann hat er die geschuldete Leistung *nicht vollständig erbracht* (wie die Juristen sagen). Folglich, so könnte der Käufer des Produkts denken, muß ich die Rechnung meines Lieferanten dann auch nicht in voller Höhe bezahlen. Weil die Betriebsanleitung nicht mitgeliefert wurde (das soll im Sondermaschinenbau schon fast die Regel sein), kann ich an der Rechnung zumindest eine Kürzung vornehmen. Bereits vor einigen Jahren haben Rechtsstreite zu diesem Ergebnis geführt.[28]

..Immer der Ärger mit der verschwundenen Betriebsanleitung...

Hier gehe ich mal davon aus, daß wir es mit einem pflichtbewußten Hersteller und einem ehrlichen Käufer zu tun haben. Und wahrscheinlich ist die Betriebsanleitung in diesem Fall lediglich zwischen den Verpackungsmaterialien unbemerkt geblieben.

[28] *z.B.: OLG Frankfurt/M., 10.03.1987, 5U 121/86*

Sowas kommt vor. Es soll aber auch Käufer geben, die mit viel Phantasie nach Gründen suchen, eine Rechnung zu kürzen oder gar nicht zu bezahlen. In diesem Fall wird der pflichtbewußte Hersteller entspannt ins Regal greifen und seinem Kunden die fehlende Betriebsanleitung umgehend zusenden (per Einschreiben-Rückschein, versteht sich).
Ein ganz anderer Aspekt ergäbe sich, wenn der Anwender des Produkts durch einen Bedienfehler verletzt würde. Dann könnte die Betriebsanleitung in einem möglichen Produkthaftungsprozeß zum entscheidenden Faktor werden.
Wenn die Betriebsanleitung benutzt wurde, dann stellt sich die Frage, ob die Verletzung durch einen Instruktionsfehler mitverursacht wurde.
Wenn die Betriebsanleitung nicht benutzt wurde, dann könnte der Anwender behaupten, der Hersteller habe die Betriebsanleitung überhaupt nicht mitgeliefert.
Das folgende Verfahren könnte solchen Schwierigkeiten vorbeugen:

1. Der Hersteller bestätigt den ihm erteilten Auftrag über das bestellte Produkt mit dem Zusatz in der Auftragsbestätigung:
   „mit Betriebsanleitung – kostenlos".
2. Der Hersteller vermerkt im Lieferschein außer dem gelieferten Produkt auch den Posten *„Betriebsanleitung"*.
3. Folgerichtig erscheint auch in der Rechnung über die Lieferung des Produkts der Posten:
   „Betriebsanleitung – kostenlos".

In einem Schiedsgerichtsverfahren wurde dem Kläger in einem solchen Fall entgegengehalten:
[...] Wenn er die Betriebsanleitung nicht erhalten hätte, dann hätte er wohl auch die Rechnung nicht bezahlt. Daß die Betriebsanleitung darin als kostenlos ausgewiesen sei, hätte in einem kaufmännisch ordnungsgemäß geführten Unternehmen trotzdem

dazu führen müssen, daß die Zahlung der Rechnung verweigert worden wäre[29].

Günstig wäre es außerdem, wenn auch die Versions-Nummer und die Seitenanzahl der Betriebsanleitung in der Rechnung genannt würde. Selbst bei individuell erstellten Betriebsanleitungen bietet jede leistungsfähige Textverarbeitungs-Software diese Möglichkeit.

Das Wichtigste aus Kapitel 3.5

- Vorbeugen ist besser als Heilen.

[29] *Vertrauliche Information eines Seminarteilnehmers, deshalb leider ohne Quellenangabe*

4 Qualität muß sein

In diesem Kapitel besprechen wir das über Qualität, was sowieso jeder weiß. Ebenso einiges über Verfahrensanweisungen und Projektplanung, damit am Ende tatsächlich Qualität rauskommt. Und etwas Kreativität ist auch im Spiel. Ebenso wichtig ist, wie man zu Informationen kommt, die man meist nicht hat, wenn man sie braucht.

4.1 Qualitätsmanagement

Ganz klar – jeder will hochwertige Arbeit leisten. Leider läßt dies das *System* oft nicht zu. Dabei meine ich mit *System* das Arbeitsumfeld, die Arbeitsbedingungen und die Organisation. Kurz, die vielen Faktoren, die wir insgesamt als *System* bezeichnen. Dies gilt für den einzelkämpfenden Technikautor ebenso wie für den Leiter der Technischen Dokumentation im Unternehmen.
Die Lösung des Problems lautet für beide: Wenn die Arbeitsergebnisse besser werden sollen, dann muß das System als solches verbessert werden. Wenn Sie ein System verbessern wollen, dann müssen Sie zuerst die Fehler aufdecken. Das heißt, Sie müssen zuerst feststellen, was nicht gut ist.
Das wurde jahrzehntelang so gemacht, daß man die Qualität der Arbeit durch die Arbeit von Prüfern abgesichert hat. Die dabei aufgedeckten Fehler wurden dann wiederum durch die Arbeit von anderen behoben. Viele Unternehmen machen das heute noch so. Es ist ganz klar, daß dieses Verfahren viel Zeit, Motivation und Geld verschlingt. Da wird dann solange geprüft, bis wertvolle Kapazitäten durch Prüf- und Korrekturarbeiten aufgezehrt sind.

Qualitätskontrollen abschaffen

Worin kann also der Sinn von Qualitätsmanagement bestehen? Letztlich doch nur darin, Qualitätskontrollen abzuschaffen. Dieser Aufwand ist aber nur dann vermeidbar, wenn jeder von Anfang an qualitativ hochwertige Arbeit abliefert. Das ist bei Dienstleistungen viel schwieriger als bei Produktionsgütern. Dort stellen wir Abweichungen einfach durch physikalisches Messen von Toleranzen fest.
Besonders problematisch ist das in der Technischen Dokumentation, konkret: bei Betriebsanleitungen. Aber auch hier erkennt selbst der Laie Qualität. Natürlich wird er nicht sagen können, worin diese besteht, oder wie er eine gute von einer schlechten Betriebsanleitung unterscheidet. „Aber eines ist sicher: er weiß es halt, wenn er's sieht!". [*34*]

4.1.1 Verfahrensanweisungen

Qualität ist eine abstrakte Größe und wird erst konkret durch die Anforderungen des Kunden. Oder durch seine stillschweigenden Erwartungen. [*35*]
Wenn Sie nach einem *Qualitätsmanagementsystem* arbeiten, dann ist die Wahrscheinlichkeit hoch, daß das Produkt (in unserem Fall die Betriebsanleitung) die Erwartungen des Auftraggebers erfüllt. Qualitätsmanagement bedeutet hier, daß der Technikautor nachweisbar alles berücksichtigen konnte, was eine vorschriftsmäßige Betriebsanleitung ausmacht.
Qualitätsmanagement ist wie eine Leiter, die nach ganz oben zum bestmöglichen Ergebnis führt. Doch taugt die höchste Leiter nichts, wenn sie keine Sprossen hat. Die Sprossen dieser Leiter heißen Verfahrensanweisungen.
Nur wenn Verfahrensanweisungen dafür sorgen, daß die hohen Ziele auch in die Tat umgesetzt werden, dann kann ein Qualitätsmanagement auch Wirkung zeigen. Also: Beginnen Sie am besten so-

fort damit, Verfahrensanweisungen zu erstellen. Das kann aber nicht bedeuten, daß Sie in den nächsten Wochen nur noch Verfahrensanweisungen schreiben. Schließlich muß der Schornstein rauchen!

Gute Verfahrensanweisungen entstehen meist nebenbei

Gute Verfahrensanweisungen entstehen ohnehin nur aus der Praxis, das heißt, parallel zum Ablauf des Verfahrens, das beschrieben werden soll. Der erste Schritt ist ein Ablaufdiagramm zum Verfahren, danach folgen die Stichworte, dann werden die Lücken ausgefüllt. [*1*] Große Schwierigkeiten sollten Sie damit nicht haben, denn viele Grundsätze in diesem Buch gelten auch für Verfahrensanweisungen.

Verfahrensanweisungen dürfen nicht nur anweisen, sie müssen auch zur Leistung motivieren. Damit Leistung Sinn macht! Sehen Sie sich als Beispiel die Verfahrensanweisung zur Normen-Recherche (Abb. 62, Seite 162 ff) an.

Oder – was halten Sie davon, wenn Sie die Checkliste im Kapitel 3.4.1, ab Seite 146 in eine Verfahrensanweisung zum Erstellen von Betriebsanleitungen umsetzen?

> Selbst der erfahrenste Technikautor darf sich nicht nur auf seine Intuition verlassen. Das darf nur der Kunde. Und das tut der auch; gnadenlos!

4.1.2 Projektplanung

Projektplanung ist ein wesentliches Element im Qualitätsmanagementsystem. Denn die stillschweigenden Erwartungen des Auftraggebers erstrecken sich auch auf die pünktliche Ablieferung der be-

stellten Betriebsanleitung. Vielleicht deshalb, weil auch er durch eine komplette Lieferung an seinen Kunden dessen Erwartungen erfüllen will.
Was kann nun das Qualitätsmanagementsystem dafür, wenn Technikautoren unverständliche Texte schreiben, die wieder und wieder nachgearbeitet werden müssen? Sehr viel! Das kommt meist daher, daß unter Druck gearbeitet wird oder die Projektzeiten falsch geplant sind.
Aber weil das vorige Projekt auf die altbewährte Weise zwar mühsam aber doch irgendwie abgewickelt wurde, deshalb steht auch das neue Projekt schon beim Start wieder unter Zeitdruck – man will ja Qualität liefern!
Projektplanung bedeutet nicht nur Überwachen von Terminen und Fristen. Projektplanung bedeutet auch Sicherstellen, daß notwendige Hilfskräfte und Spezialisten zum vorgesehenen Zeitpunkt zur Verfügung stehen.
Heute, wo die Instruktionspflichten des Herstellers durch Anforderungen aus mehreren Ebenen konkretisiert werden, ist dazu ein leistungsfähiges Instrument erforderlich. Das handgemachte Balkendiagramm von früher wird heute kaum noch der Praxis gerecht. Für eine erste Projektübersicht mag

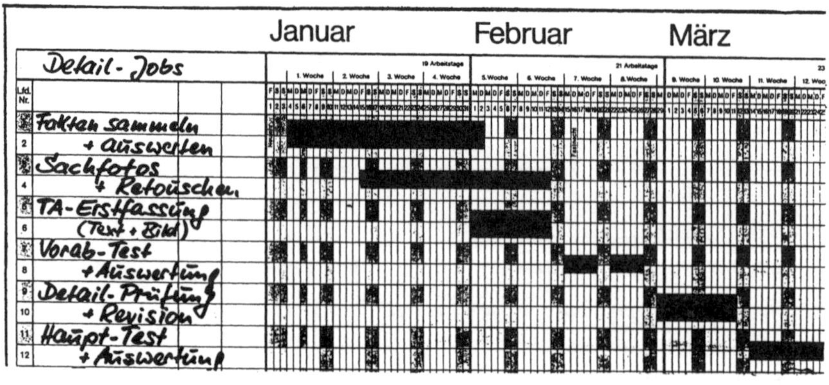

Abb. 53: Das Balkendiagramm

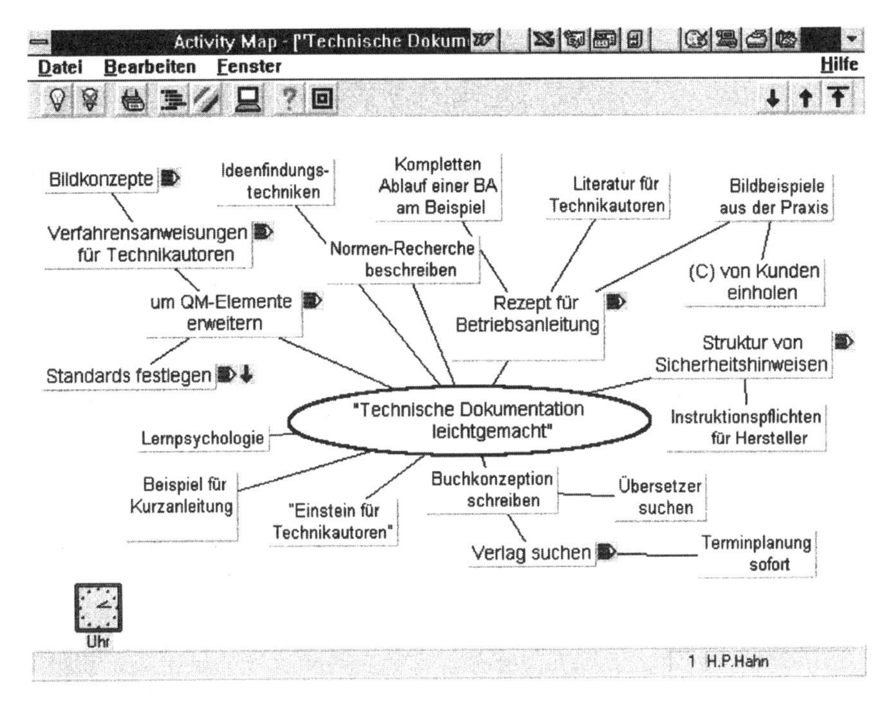

Abb. 54: Die Projekplanung per Clustertechnik

das ausreichen, doch dann sollte der planmäßige Projektablauf durch den Einsatz von bewährter Software abgesichert werden.
Da müssen nicht unbedingt die gewaltigen Planungsprogramme mit NASA-Kapazität angeschafft werden. Auch für den heimarbeitenden Technikautor sind preiswerte Programme mit erstaunlicher Leistungsfähigkeit auf dem Markt.
Gute Programme schaffen es, die Phase der Ideenfindung mit der konkreten Projektplanung zu verbinden. Die Abb. 54 zeigt ein Beispiel. Eine solche Arbeitshilfe wird der Technikautor besonders dann schätzen, wenn er Projektplanung und Projektkontrolle eher nebenbei betreiben muß.

4.1.3 Die Vorstellungskraft trainieren

Am Anfang steht die Idee. Dies gilt für alle Projekte, die wir beginnen. Durch schöpferische Vorstellungskraft konkretisieren wir unsere Ideen und entwickeln sie weiter bis zur Realisierung.
Dieser Absatz steht nicht *zufällig* im Kapitel *Qualitätsmanagement*. Denn schöpferische Vorstellungskraft ist eine der wichtigsten Qualitätsgrundlagen, wie wir seit Einstein wissen. Vorausgesetzt, Sie verstehen unter Qualität mehr als nur das stupide Einhalten von irgendwelchen Normen.
Gerade Technikautoren sind auf gute Ideen angewiesen. Schließlich haben sie sich die schwierigste Zielgruppe ausgesucht, die man sich denken kann – die Anwender von technischen Arbeitsmitteln.
Deshalb müssen Technikautoren alles tun, um gute Ideen hervorzubringen. Und diese guten Ideen zu ordnen, damit sie nicht verlorengehen, sondern verwirklicht werden.
Auch hier reicht der Rahmen dieses Buches (wieder einmal) nicht aus, auch auf Ideenfindungstechniken einzugehen.
Aber eine Methode zum Entwickeln und Organisieren von Ideen möchte ich Ihnen unbedingt noch nahebringen: die *Clustertechnik*.

Wie beim Cluster (*engl. Büschel, Traube*) sammeln und ranken sich dabei die Ideen um einen Kerngedanken. Die Methode ist nicht neu; sie wurde bereits 1905 in den USA entwickelt. Zwar wurde das Verfahren inzwischen durch findige Leute mit unterschiedlichen *Mapping*-Namen versehen, aber die Methode ist noch immer dieselbe.
Und damit kommen wir zur letzten Übung, die Ihnen sicher Spaß machen wird.

Arbeitsanleitung

Entwickeln Sie ein Cluster zu dem Kerngedanken *sicher.*

Das geht ganz einfach: Schreiben Sie in die Mitte eines DIN A3-Bogens das Kernwort *sicher*, und lassen Sie dann Ihrer schöpferischen Vorstellungskraft freien Lauf.
Wenn Sie wollen, dann sehen Sie sich vorher nochmals die Abb. 54, Seite 165 an.

Meine Empfehlung finden Sie in Lösung 8: Vorstellungskraft trainieren, Seite 188.

4.2 Informationsmanagement

Information ist (fast) alles. Das gilt ganz besonders für den Technikautor. Die Qualität seiner Arbeit steht und fällt mit seinen Informationsquellen.
Eine Liste dessen, was er lesen sollte, wäre lang. Hier bleibt es dem Technikautor nicht erspart, die Auswahl selbst zu treffen. Außerdem kommen ständig wichtige Neuerscheinungen heraus, deren Lektüre sich lohnt.
Die Auswahl einiger ausgewählter Titel für Technikautoren auf Seite 221 ist nicht vollständig.
Nun ist es häufig der Brauch, auf neue Fachbücher zunächst nicht zu reagieren und statt dessen die ersten Buchbesprechungen abzuwarten. Das mag aus der Sicht des Lesers verständlich sein. Andererseits kann das Warten auf Rezensionen nur Zeitverlust bedeuten. Später informiert zu sein, kann bedeuten, der Konkurrenz das Feld zu überlassen.
Wer als Technikautor einen bestimmten Produktbereich betreut, der sollte nicht versäumen, die weiterführende Literatur der Normen und Richtlinien sorgfältig zu beobachten. Eine Auswahl dazu fin den Sie ab Seite 224.
Wie Sie inzwischen nicht nur wissen, sondern auch begründen können, ist die Gedächtnisleistung des Menschen dürftig. Dies gilt besonders für Informationen, die sich ähnlich sind. Da bleibt es nicht aus, daß Sie eines Tages vor Ihrem mächtigen Bücherschrank stehen und verzweifelt überlegen, in welchem Buch denn nun dieses oder jenes Thema so

treffend abgehandelt wurde. Oder war es gar der Artikel in einer Fachzeitschrift?
Dieses Problem werden Sie nur lösen, wenn Sie sofort die Weichen stellen: Organisieren Sie Ihre Bibliothek! Wo man früher einige Hundert Karteikarten in Bewegung setzen mußte, da geht das heute sekundenschnell per Mausklick. Beschaffen Sie sich eine brauchbare Software, die Bücher, Zeitschriften und Artikel verwaltet – ganz egal welche. Sie muß vor allem nach Stichworten suchen und finden können. [*36*]

5 Die gesetzlichen Anforderungen

Die grundlegenden gesetzlichen Aspekte hatten wir bereits erörtert. Nun gibt es über das Gerätesicherheits-Gesetz und das Produkthaftungs-Gesetz hinaus europäische Richtlinien, die ergänzend dazu beachtet werden müssen. Sie betreffen für den Technikautor vor allem die Bereiche Maschinenbau, Elektrotechnik, Elektromagnetische Verträglichkeit, Persönliche Schutzausrüstungen und die Medizintechnik.
Ein weiterer wichtiger Bereich kommt ab 1.1.1997 dazu, wenn die Arbeitsmittel-Benutzungs-Richtlinie in Deutschland als nationales Recht angewandt werden muß.

5.1 EG-Richtlinie Maschinen

Nach den Anforderungen der EG-Richtlinie Maschinen ist der Hersteller verpflichtet, eine → Konformitätsbewertung durchzuführen, bevor er eine Maschine in Verkehr bringt. Zum Abschluß des Konformitätsbewertungsverfahrens stellt der Hersteller die EG-Konformitätserklärung aus. Zuvor muß er sich vergewissert haben und gewährleisten können, daß die Technische Dokumentation in seinen Räumen vorhanden ist und verfügbar bleibt. Wenn der Hersteller die Unterlagen auf begründetes Verlangen der zuständigen nationalen Behörden nicht vorlegt, dann kann dies ein ausreichender Grund dafür sein, die EG-Konformität des Produkts zu bezweifeln.
Es sollte den Vorschriften genügen, wenn die Unterlagen in einer Amtssprache der EU abgefaßt sind (also z.B. deutsch). Lediglich die Betriebsanleitung muß auch in der (den) Sprache(n) des Verwenderlandes vorhanden sein[30].

---

[30] *Anhang I, 1.7.4, EG-Richtlinie Maschinen*

Ein Mitgliedstaat kann in begründeten Fällen die Vorlage der Technischen Dokumentation in seiner Amtssprache verlangen. Darauf könnte jedoch dann verzichtet werden, wenn die vorgelegten Unterlagen für die anfordernde Behörde verständlich sind.

5.2 Andere EG-Richtlinien

Wenn EG-Richtlinien eine Betriebsanleitung vorschreiben, dann ist das betreffende Produkt nur dann CE-fähig, wenn diese Betriebsanleitung auch beigefügt ist. Andernfalls darf das Produkt EU-weit nicht in Verkehr gebracht werden.
Die Betriebsanleitung wird auch nach der EG-Richtlinie über die **Elektromagnetische Verträglichkeit** gefordert (dort *Bedienungsanleitung* genannt). Ebenso verlangt die EG-Richtlinie für **Persönliche Schutzausrüstung** eine Betriebsanleitung (dort *Informations-Broschüre* genannt).
Aufmerksamkeit verdient auch eine weitere EG-Richtlinie, deren weitreichende Bedeutung für die Technische Dokumentation offenbar noch nicht erkannt wurde.
Seit der großen Reform des EG-Vertrages von 1985 ist die Gemeinschaft auch für die Sicherheit und den Gesundheitsschutz am Arbeitsplatz zuständig. So ist im Artikel 118a des Vertrages festgelegt, daß besonders die Verbesserung der Arbeitsumwelt gefördert werden soll.
Den ersten bedeutenden Schritt tat die EG 1989, als die Rahmenrichtlinie 89/391/EWG zu Sicherheit und Gesundheitsschutz der Arbeitnehmer am Arbeitsplatz erlassen wurde.
Zur Durchführung dieser Rahmenrichtlinie hat die Gemeinschaft inzwischen mehrere Einzelrichtlinien erlassen, so auch die **Arbeitsmittel-Benutzungs-Richtlinie** (89/655/EWG). Danach dürfen Maschinen, die vor dem 1.1.1993 in Benutzung waren, ab 1.1.1997 nur noch dann weiterbenutzt werden,

wenn sie bestimmte Voraussetzungen erfüllen. Vor allem müssen die Anforderungen des Anhangs I der Arbeitsmittel-Benutzungs-Richtlinie berücksichtigt werden. [*15*][*16*] Mit einer Verlängerung der Übergangsfrist ist nicht zu rechnen, auch wenn zu diesem Zeitpunkt[31] die Umsetzung der EG-Richtlinie in deutsches Recht[32] erst noch vom Deutschen Bundestag beraten wird.
Nach meiner Schätzung dürften allein in Deutschland die Betreiber von etwa 15 Millionen Maschinen betroffen sein.

Ein weites Feld für Technikautoren

Von erheblicher Bedeutung im Sinne der Arbeitsmittel-Benutzungs-Richtlinie sind vor allem die Instruktionspflichten des Arbeitgebers gegenüber seinen Arbeitnehmern.
Die Rahmenrichtlinie legt als Grundregeln zu Sicherheit und Gesundheitsschutz am Arbeitsplatz unter anderem fest:

- der Arbeitgeber ist verpflichtet, die Risiken abzuschätzen und seine Arbeitnehmer zu unterrichten und angemessen zu unterweisen,
- die Arbeitnehmer sind verpflichtet, den Anweisungen des Arbeitgebers zu folgen und Gefahren zu melden. Die Arbeitnehmer haben das Recht, bei unvermeidbaren Gefahren die Arbeit einzustellen.

Es bedarf sicherlich keiner weiteren Erörterung, welch bedeutendes Arbeitspotential sich hier für Technikautoren entwickelt.

Auch in die sogenannte **Sportboot-Richtlinie** (94/25/EG) hat die EU-Kommission Anforderungen eingebracht, die die umfangreichen Instruktionspflichten der Bootsbauer klar definieren. Danach dürfen (abgesehen von Übergangsregelungen) ab 16.6.1996 EU-weit nur noch solche Sportboote in Verkehr

---

[31] *März 1996*
[32] *Arbeitsschutzgesetz (ArbSchG)*

gebracht werden, die (unter anderem) mit einem Betriebshandbuch ausgestattet sind. Die CE-Kennzeichnung und EG-Konformitätserklärung für Sportboote sind zwingend.
Diese Richtlinie dürfte jedoch nur solchen Technikautoren ein zusätzliches Arbeitsfeld schaffen, die im maritimen Bereich berufliche oder sportliche Erfahrung aufweisen können.

5.3 Die Technische Dokumentation

Die Technische Dokumentation läßt sich nach Sachinhalten unterteilen in die *interne Dokumentation* und die *externe Dokumentation.*

5.3.1 Die interne Dokumentation

Die interne Technische Dokumentation umfaßt die Unterlagen, die über alle Phasen von der Entwicklung bis zur Herstellung einer Maschine Auskunft geben. Dies können im wesentlichen sein:

1. Gesamtplan der Maschine sowie die Steuerkreis pläne.
   Es empfiehlt sich, in diesem Gesamtplan alle Gefahrenpositionen und die aus der → Gefährdungsanalyse resultierenden Maßnahmen aufzunehmen. Es muß möglich sein, zuverlässig die Detailunterlagen und deren Archivort zu erkennen.
2. Alle Detailpläne, falls erforderlich, mit Berechnungen und Testergebnissen.
   Diese müssen zur Überprüfung der Maschine und deren Übereinstimmung mit den Anforderungen geeignet und aussagefähig sein. Die Unterlagen müssen keine detaillierten Pläne und Angaben für die Herstellung enthalten. Es sei denn, daß diese unerläßlich oder notwendig sind, um die Übereinstimmung mit den Anforderungen der jeweiligen EG-Richtlinie prüfen zu können.

Interne Technische Dokumentation

Alle Unterlagen über:
Konzipierung und Entwicklung
Ergebnis der Normen-Recherche
Konstruktion, Versuche und Tests
Gefährdungsanalyse
Lösungsbeschreibung
Zielgruppenbestimmung zur Betriebsanleitung
Protokoll des Anwendertests der Betriebsanleitung
EG-Konformitätserklärungen der Zulieferer

Externe Technische Dokumentation

Technische Anleitungen zu:
Montage
Inbetriebnahme und Einarbeitung
Bestimmungsgemäßem Gebrauch
Wartung
Störungssuche

Zusätzliche Benutzerinformationen
an und auf der Maschine, Bodenmarkierungen etc.

Abb. 55: Die Technische Dokumentation

3. Eine produktbezogene Auflistung
   - der zutreffenden Anforderungen der jeweiligen EG-Richtlinie
   - der angewandten Normen
   - aller anderen technischen Spezifikationen, die bei der Entwicklung und Konstruktion des Produkts berücksichtigt wurden der analysierten Gefährdungen.

   Die Auflistung der analysierten Gefährdungen ist nicht erforderlich, wenn die → Gefährdungsanalyse entsprechend DIN EN 414, Anhang A, durchgeführt wurde. Jedoch muß dann auf die einzelnen Positionen Bezug genommen werden. [*16*]
4. Lösungsbeschreibung der Maßnahmen, die zur Verhütung der von der Maschine ausgehenden Gefahren ergriffen wurden.

5. Falls der Konformitätsnachweis mit einer harmonisierten Norm gefordert wird: technische Berichte über das Ergebnis der internen oder externen Prüfungen.
6. Nach Wahl des Herstellers: technische Berichte oder die von einem zuständigen Laboratorium ausgestellten Zertifikate.
7. Bei Serienmaschinen: eine Zusammenstellung aller Maßnahmen, die die Übereinstimmung der Maschinen mit den Bestimmungen der Richtlinie und dem geprüften Prototyp gewährleisten.
8. Die Orignial-Betriebsanleitung der Maschine in einer EU-Sprache.
   Bestandteil der Betriebsanleitung in der internen Dokumentation sind zweifellos alle vorbereitenden Untersuchungen, die zu der Betriebsanleitung in der vorliegenden Form geführt haben. Dazu gehören unter anderem Video-Aufzeichnungen der Bedienvorgänge, die Zielgruppenbestimmung und das Prokoll des Anwendertests. [*1*]

Es ist offensichtlich, daß eine Technische Dokumentation in diesem Umfang sehr schnell unübersichtlich werden kann. Zumal jeder verantwortungsbewußte Hersteller auch im eigenen Interesse bestrebt sein wird, mit vollständigen und aussagefähigen Unterlagen nachzuweisen, daß er die gesetzlichen Anforderungen erfüllt hat.
Deshalb zieht die EG-Kommission eine Aufteilung der Technischen Dokumentation in die Haupt-Dokumentation und in einen Anhang in Betracht.
Danach soll die Haupt-Dokumentation lediglich folgende Unterlagen enthalten:

- Name und Anschrift des Herstellers
- Beschreibung des Produkts
- Angabe der eingehaltenen Normen
- Konstruktionspläne des Produkts
- Betriebsanleitung.

Dem Anhang zur Haupt-Dokumentation bliebe demnach vorbehalten:

- alle weiteren, oben erwähnten Unterlagen, die über die Entwicklung und Konstruktion des Produkts Auskunft geben können
- alle Unterlagen über die laufende Fertigungs- oder Qualitätskontrolle.

5.3.2 Die externe Dokumentation

Die externe Dokumentation umfaßt alle Instruktionen, die das Produkt zum Zweck der sicheren Handhabung und Bedienung beim → Inverkehrbringen begleiten. Die DIN EN 292 bezeichnet diesen Teil der Technischen Dokumentation als Benutzerinformation.
Dazu gehören:

a) Signale, Warnsignale, Kennzeichnungen, Symbole und schriftliche Warnhinweise an und auf der Maschine, z.B.: DIN EN 4844, DIN EN 50 099-1 und DIN EN 50099-2 „Sicherheit von Maschinen, Grundsätze für Anzeiger, Bedienteile (Stellteile) und Kennzeichnung". Siehe dazu auch Abb. 66, ab Seite 195.
b) die mit dem Produkt zu liefernden Instruktionen, insbesondere die Anleitungen zum Rüsten, Bedienen, Warten der Maschine.

Die Anforderungen an die unter b) genannten Instruktionen reichen weit und verpflichten den Hersteller zu umfassenden Instruktionen. Von besonderer Bedeutung ist die Betriebsanleitung, die oft auch Anleitungen anderer Hersteller zur Montage, zum Rüsten und zur Wartung der Maschine enthält.
Die Betriebsanleitung muß nicht nur den Mindestanforderungen der EG-Richtlinie Maschinen, sondern meist auch den Instruktionspflichten nach

dem Produkthaftungsrecht genügen. Diese orientieren sich vornehmlich an der Instruktionsqualität, die im Hinblick auf die angesprochene Zielgruppe zu beurteilen ist.
Von besonderer Bedeutung ist hier die Tatsache, daß die Warnung vor Produktrisiken den Hersteller nicht entlastet, wenn höherrangige Maßnahmen zur Risikobeseitigung geführt hätten (→ Dreistufenprinzip).

Anforderungen zum Archivieren der Technischen Dokumentation

Verantwortlichen benennen
Unterlagen gegen Manipulation sichern
Zugriff kontrollieren
Ständige Verfügbarkeit sicherstellen
Mindestens 10 Jahre archivieren

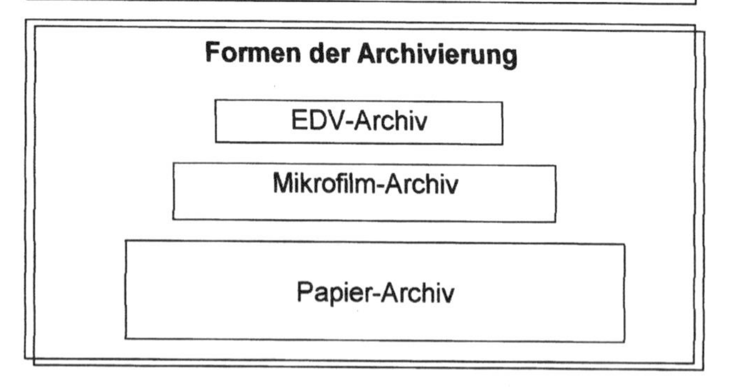

Abb. 56: Das Archivieren der Technischen Dokumentation

Nach den Mindestanforderungen der EG-Richtlinie Maschinen sind folgende Bestimmungen zwingend:

Zum → Bestimmungsgemäßen Gebrauch der Maschine

- Eignungsangabe des Herstellers oder Verwendung, die von Konstruktion, Bau und Funktion her als üblich angesehen wird
- Vernünftigerweise vorhersehbarer Mißbrauch ist in Betracht zu ziehen
- Warnung vor Restrisiken
- Warnung vor Risiken, bei anderer Verwendung als vorgesehen.

Zu Inspektion und Wartung
- Angabe von Art und Intervall der sicherheitsrelevanten Inspektions- und Wartungsarbeiten
- Hinweis auf verschleißanfällige Teile und Kriterien für deren Austausch.

Zum gefahrlosen Durchführen folgender Arbeiten (Mindestangaben):
- → Inbetriebnehmen
- Verwendung
- Handhabung
- Installation
- Montage/Demontage
- Rüsten
- Instandhaltung incl. Wartung und Beseitigung von Störungen im Arbeitsablauf.

Zur Sprache der Betriebsanleitung:
- Erstellung in einer der Gemeinschaftssprachen
- beim → Inbetriebnehmen müssen die Orginalbetriebsanleitung und eine Übersetzung in der (oder den) Sprache(n) des Verwenderlandes mitgeliefert werden
- Wartungsanleitung für das Herstellerpersonal: es genügt eine Anleitung in einer der Gemeinschaftssprachen.

Zu Plänen, Schemata und Angaben, insbesondere im Hinblick auf die Sicherheit zu –
- Wartung
- Inspektion

- Überprüfung der Funktionsfähigkeit
- ggf. auch zur Reparatur der Maschine.

Zu Geräuschangaben
- Angabe des von der Maschine ausgehenden Luftschalls (tatsächlicher oder an einer identischen Maschine ermittelter Wert).

Sonstiges
- Bei Nahrungsmittelmaschinen, Maschinen zum Heben von Lasten und beweglichen Maschinen sind in der Betriebsanleitung weitere ergänzende Angaben zu machen, die der Sicherheit der Anwender dienen.
  So ist z.B. bei Nahrungsmittelmaschinen vom Hersteller das geeignete Reingungsmittel zu nennen. [*16*]

5.3.3 Archivieren der Technischen Dokumentation

Nicht nur die bekannten handels- und steuerrechtlichen Vorschriften zwingen den Hersteller zur Aufbewahrung seiner Geschäftsunterlagen. Auch beim Qualitätsmanagement und im Rahmen der EG-Konformitätsbewertung gilt das gleiche.
Der Anhang V der EG-Richtlinie Maschinen bestimmt hierzu:

„Die Unterlagen müssen für die zuständigen nationalen Behörden mindestens 10 Jahre nach der Herstellung des Produkts oder, wenn es sich um eine Serienfertigung handelt, des letzten Exemplars der Produktserie bereitgehalten werden."

Aus dem Aspekt der Produkthaftung empfiehlt sich eine Aufbewahrungsfrist von weiteren 3 Jahren.
Noch vor einem Jahr wurde viel darüber diskutiert, welchen Aufwand die Brüsseler Bürokratie damit einem Hersteller zumute. Daß diese Vorschrift letzten Endes dem Hersteller am meisten nützt, wurde

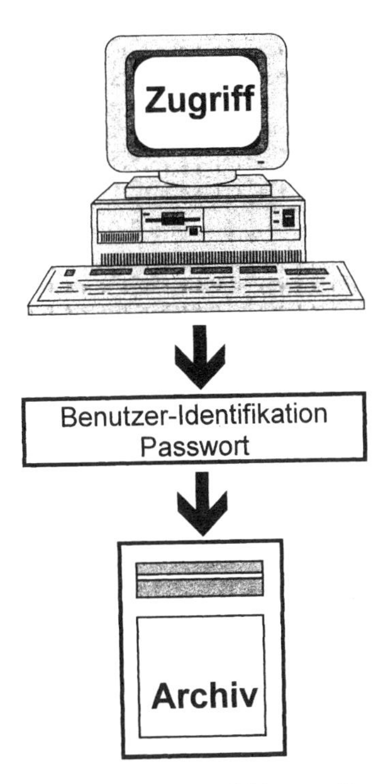

Abb. 57: Den Zugriff kontrollieren

inzwischen erkannt. Denn klar ist: Wenn ich lückenlos nachweisen kann, in welcher Ausstattung meine Maschine das Werk verlassen hat, dann kann auch niemand wider besseres Wissen behaupten, er habe keine Änderung an den Sicherheitseinrichtungen vorgenommen.
Auch im Interesse der Haftungssicherheit ist jeder Hersteller gehalten, alle entsprechenden Unterlagen sicher zu archivieren.
Diese Anforderung ist inzwischen weiter unproblematisch geworden, seit beschreibbare CD-ROM-Geräte zu erschwinglichen Preisen angeboten werden. Auch die Lebensdauer einer schreibgeschützten CD-ROM dürfte mit ca. 10 – 15 Jahren den gesetzlichen Anforderungen genügen.
Die Unterlagen müssen physisch nicht ständig vorhanden sein. Sie müssen jedoch innerhalb eines an-

gemessenen Zeitraumes zusammengestellt werden können. Dieser Zeitraum muß der Bedeutung der Technischen Dokumentation im Einzelfall gerecht werden.
Es ist empfehlenswert, ein Verzeichnis der Technischen Dokumentation zu erstellen. Daraus sollten alle vorhandenen Dokumente ersichtlich sein. Dieses Verzeichnis muß ständig zur Verfügung stehen. Auch eine Mikrofilm-Archivierung der Unterlagen ist erlaubt. Dies bedingt jedoch, daß in dem erwähnten Verzeichnis die eindeutigen Zugriffsadressen der einzelnen Original-Dokumente (Abteilung/Archivort und Dokumentations-Nr.) angegeben sind. [*1*]
Allerdings muß ich hier mit Nachdruck auf den Aspekt der Rechtsverbindlichkeit einer elektronischen Produktdokumentation hinweisen.
Das Thema wurde im Dezember 1995 auf einer Sondersitzung des *Normenausschusses Technische Produktdokumentation (NATPD)* erneut eingehend diskutiert. Dieses Gremium erarbeitet die Voraussetzungen dafür, daß Produktsicherheitsrisiken auch mittels Entlastungsbeweisen durch die elektronische Dokumentation reduziert werden können. Die Möglichkeit ist nach der derzeitigen Rechtslage noch nicht gegeben.
Dieselbe Zielsetzung verfolgt auch eine Empfehlung der EU-Kommission vom Oktober 1994 und der daraus entwickelte Deutsche EDI-Rahmenvertrag. Darin wurden wesentliche Festlegungen über die Beweiszulässigkeit von EDI-Dokumenten[33] und Nachrichtennormen (z.B.: UN-Edifact) getroffen. [*37*]

---

[33] *EDI = elektronischer Datenaustausch*

6 Anhang

6.1 Lösungen zu den Übungsaufgaben

6.1.1 Lösung 1: Benutzerhinweise
(Übung von Seite 64)

✍ ***Textvorschlag Benutzerhinweise***

Benutzerhinweise
Bestimmungsgemäßer Gebrauch: Diese Maschine dient zum Aufrichten und Verkleben von Verpackungskartons. Dabei darf nur unkaschiertes Material verwendet werden.
Bestimmungswidriger Gebrauch: Das Verwenden von kaschiertem Material ist nicht gestattet und kann zu erheblichen Funktionsstörungen führen.

Diese Betriebsanleitung richtet sich an:
1. angelernte und eingewiesene Bediener.
Personen, die nicht eingewiesen wurden, dürfen an dieser Maschine nicht beschäftigt werden.
Für das Bedienpersonal sind die Kapitel 1 – 6 und das Kapitel 9 bestimmt:

2. das Instandhaltungspersonal und an Vorarbeiter;
Für Instandhaltungsfachkräfte und Vorarbeiter sind vor allem die Kapitel 7 und 8 und das Kapitel 10 bestimmt. Instandhaltungsfachkräfte und Vorarbeiter müssen jedoch die gesamte Betriebsanleitung gelesen und verstanden haben.

3. den Betreiber.
Für den Betreiber sind die Kapitel 11 – 15. bestimmt.

Fachbegriffe werden im Glossar erklärt.
In dieser Betriebsanleitung wird folgende Abkürzung verwendet:
UVV = Unfallverhütungsvorschriften

6.1.2 *Lösung 2: Gerätebeschreibung*
(Übung von Seite 85)

Text- und Bildvorschlag

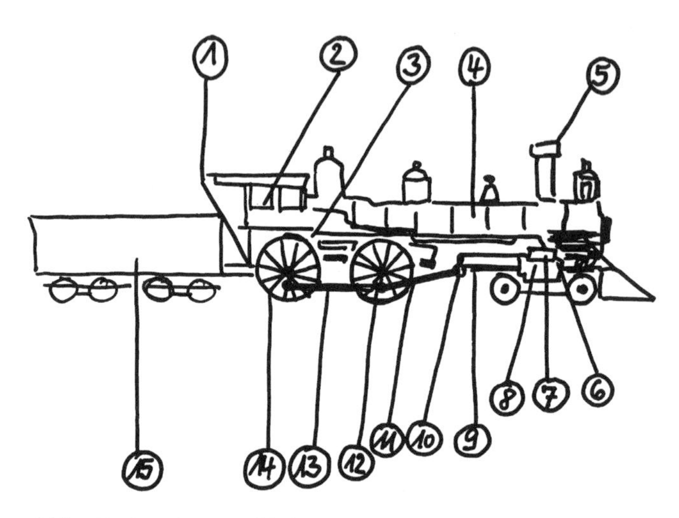

Abb. 58: Die Gesamtabbildung der Dampflokomotive

Legende

Pos.-Nr.	Bezeichnung		
1	Fahrgestell	9	Kolbenstange
2	Führerstand	10	Kreuzkopf
3	Feuerstelle	11	Treibstange
4	Dampfkessel	12	Treibrad
5	Schornstein	13	Kuppelstange
6	Triebwerk	14	Kuppelrad
7	Schieberkasten	15	Schlepptender
8	Dampfzylinder		

Hinweis: In der Gesamtabbildung sind die wichtigsten Bauteile und Funktionselemente mit Positionsnummern angegeben.

Diese Gerätebeschreibung richtet sich an die Schüler der 5. Schulklassen.

Die Dampflokomotive ist ein Dampfkraftwerk auf Rädern, das zum Einsatz auf Bahngleisen konstruiert ist. Die Hauptbaugruppen sind das Fahrgestell (1), der Führerstand (2), die Feuerstelle (3), der Dampfkessel (4) und das Triebwerk (6). Auf dem Fahrgestell (1) ist die gesamte Anlage aufgebaut. Wichtige Bauteile des Fahrgestells sind die Treibstangen (11) mit den Treibrädern (12) und die Kuppelstangen (13) mit den Kuppelrädern (14). Die Treibräder (12) sind durch die Treibstangen (11) über die Kreuzköpfe (10) und die Kolbenstangen (9) mit dem Triebwerk (6) verbunden. Die zum Betrieb erforderlichen Vorräte (Wasser und Brennstoff) werden in einem Schlepptender (15) mitgeführt, der an die Dampflokomotive angekuppelt ist.

6.1.3 Lösung 3: Funktionsbeschreibung

(Übung von Seite 86)

Funktionsbeschreibung

Hinweis: In der Gesamtabbildung sind die wichtigsten Bauteile und Funktionselemente mit Positionsnummern angegeben.

Diese Funktionsbeschreibung richtet sich an die Schüler der 5. Schulklassen.

Die Dampflokomotive dient vorwiegend zum Antreiben von Eisenbahnzügen im Personen- und Güterverkehr. Die Schaltzentrale der Dampflokomotive ist der Führerstand (2). Dort überwacht und regelt der Lokomotivführer alle Funktionen der Dampflokomotive. Auch der Heizer hat dort seinen Platz. Der Heizer sorgt für den erforderlichen Dampfdruck. Dazu wird in der Feuerstelle (3) der Brennstoff verbrannt. Das kann Kohle, Kohlestaub oder Öl sein. Durch die Verbrennung strömen heiße Verbrennungsgase durch ein Rohrsystem und erhitzen das Wasser im Dampfkessel (4). Die Verbrennungsgase entweichen durch den Schornstein (5) ins Freie. Durch das erhitzte Wasser entsteht Dampf, der zum Triebwerk (6) geleitet wird. Das Triebwerk (6) besteht aus einem Schieberkasten (7) und einem Dampfzylinder (8). Im Schieberkasten (7) leitet ein Schieber den Dampf in den Dampfzylinder (8). Der Dampfdruck bewegt den Kolben im Dampfzylinder (8) hin und her. Die Hin-und Herbewegung der Kolbenstange (9) wird über den Kreuzkopf (10) und die Treibstange (11) in eine Drehbewegung an der Treibachse umgewandelt. Dadurch dreht sich das Treibrad (12), und die Dampflokomotive fährt. Mit dem Treibrad (12) sind über die Kuppelstange (13) ein oder mehrere Kuppelräder (14) verbunden. So entwickelt die Dampflokomotive eine höhere Zugkraft.

Noch ein Hinweis: Der Zielgruppe sollte nur eine allgemeine Information über Konstruktion und Funktion einer Dampflokomotive vermittelt werden. Für Dampflokomotiv-Freaks wäre noch folgendes wichtig gewesen:
- Angaben über die Luftpumpe, die die Druckluftbremsen versorgt,
- daß der Wasserstand im Kessel durch *zwei* Wasserstandsanzeiger kontrollierbar sein muß (gesetzliche Vorschrift),
- wie Vorwärts- und Rückwärtsfahrt ausgeführt werden

und noch einiges mehr.

6.1.4 Lösung 4: Wartung

(Übung von Seite 91)

Vorschlag

1. Ein Grund könnte sein, daß zur Zielgruppe erfahrungsgemäß auch Anwender gehören, die die Sprache des Verwenderlandes nicht beherrschen.

2. Es sollte auf die Entsorgung von Altöl hingewiesen werden.
3. Als Sicherheitshinweis in der Wartungsanleitung für Instandhaltungsfachkräfte des Beispiels auf Seite 60 ist unbedingt erforderlich:

Warnung vor Schnittverletzungen! Bei Arbeiten an Schneidwerkzeugen Schutzhandschuhe tragen.

6.1.5 Lösung 5: Sicherheitshinweise

(Übung von Seite 123)

✍ ***Textvorschlag: keiner***

Meine Beurteilung:
Dieser Sicherheitshinweis (nach Schulz, 1994) ist nicht zulässig, da höchstwahrscheinlich keine → Restrisiken, sondern offensichtlich Konstruktionsfehler vorliegen.
Beispiele für diesen Fehlertyp sind

- das Fehlen einer Schutzvorrichtung an einem gefährlichen Gerät[34]
- eine gesteigerte Gefährlichkeit des Produkts, wie sie beim Fehlen einer Schutzeinrichtung ohne weiteres angenommen werden kann.[35]

Wenn diese Maschine die grundlegenden Sicherheits- und Gesundheitsanforderungen der EG-Richtlinie Maschinen nicht erfüllt, dann darf sie seit

---

[34] *BGH VersR 1957, 584*
[35] *Arbeitsschutzgesetz (ArbSchG)*

1.1.1995 in der EU nicht mehr in Verkehr gebracht werden. Denn: „Die Erfüllung dieser Anforderungen ist für Maschinen zwingend notwendig“ [*38*] (sofern es sich nicht um eine Sonderanfertigung nach §3 Abs.2 GSG handelt). [*5*][*15*]

6.1.6 Lösung 6: Bildkonzept
(Übung von Seite 137)

Vorschlag

Bildkonzept

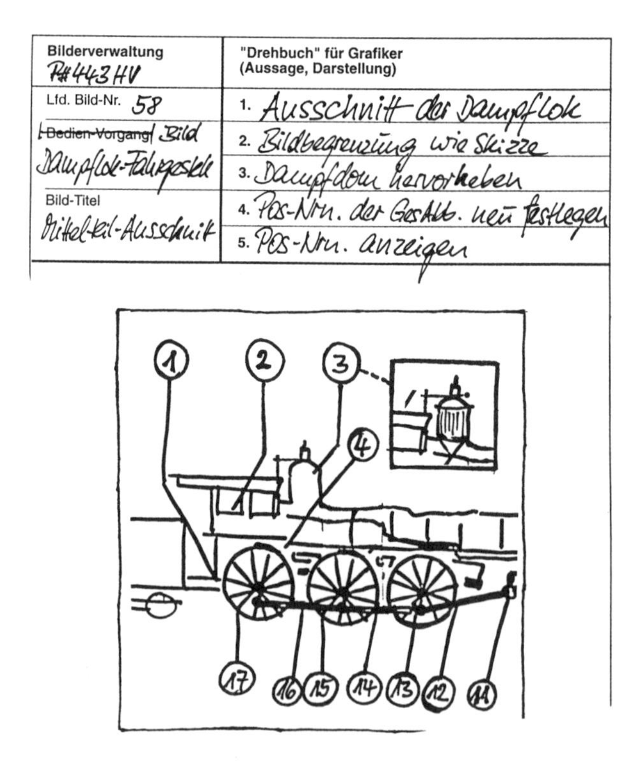

Abb. 59: Das Bildkonzept des Dampflok-Fahrgestells

Sie sehen: So schnell kann es vorkommen, daß eine Gesamtabbildung geändert werden muß. Da für den

Dampfdom noch keine Positionsnummer festgelegt war, mußte diese jetzt eingefügt werden. Aufgepaßt – dadurch ändern sich auch alle anderen Positionsnummern!

6.1.7 Lösung 7: Kurzanleitung
(Übung von Seite 142)

Bildvorschlag

Abb. 60: Die Kurzanleitung zum Haartrockner

Dies ist eine Kurzanleitung, die eine Schülerin aus einem Fortbildunglehrgang Technischer *Redakteur* als Klausuraufgabe erarbeitet hat. Eine gute Lösung, die dem Ausbildungsstand entsprach.
Wenn wir diese Kurzanleitung verwenden wollten, müßten wir allerdings noch die entsprechenden Sicherheitspiktogramme einfügen.

6.1.8 Lösung 8: Vorstellungskraft trainieren
(Übung von Seite 166)

Vorschlag

Abb. 61: Vorstellungskraft trainieren

6.2 Arbeitsformulare, Tabellen

QM-Handbuch
VA 08.03 /R13
Seite 1 von 12

CE-Recherche
Stand: 25.3.1996

Verfahrensanweisung VA08.03 /R13

zur Durchführung des CE-Procedere

Teil 1: Recherche der Richtlinien und Normen

1. Begriffe und Abkürzungen

>>>	= siehe....
DEN	= H&P-Datenbank EN-Normen
DIB	= DIN-Bibliothek
ERL	= EG-Richtlinie
F#..	= Formularnummer
FC	= Fachbereich CE
GSG	= Gerätesicherheits-Gesetz
HN	= Harmonisierte Normen
KW	= Kalenderwoche
LP#I	= Leitender Projektingenieur
P#	= Projekt
PhG	= Produkthaftungsgesetz
Rech	= Recherche(n)
VA	= Verfahrensanweisung
VS	= Verfahrensschritt
WV	= Wiedervorlage
ZP#I	= Zugeordneter Projektingenieur

2. Zweck

Diese VA soll sicherstellen, daß alle relevanten ERL, HN und Vorschriften ermittelt werden, die zum CE-Procedere des Kunden erforderlich sind. Der Kunde hat Anspruch darauf, daß wir diese Recherche zügig und mit minimalen Kosten erstellen.

3. Geltungsbereich

Diese VA gilt für den FC, Abteilung Rech.

4. Zuständigkeit

Zuständig für die Aufgaben dieser VA sind LP#I und ZP#I.

5. Verfahrensschritte (VS)

5.1 Verschaffen Sie sich zuerst einen Überblick, wo das Produkt des Kunden einzuordnen ist:

Bild 9 zeigt den Ablauf des Verfahrens am Beispiel einer Maschine.

F# 81.15.1

Abb. 62: Verfahrensanweisung zur Normen-Recherche

5.2 Beginnen Sie dann mit der Primär-Recherche:

Beschaffen Sie vom Kunden alle Produktinformationen, die zum Verständnis der Produktfunktion erforderlich sind. Ermitteln Sie das Produktprofil (>>>F#06.09.3).

Viele Unternehmen verfügen über Video-Aufzeichnungen, die das Produkt im Einsatz zeigen.

Hinweis: Hier ist oft einige Aufklärungsarbeit nötig. Manche Kunden verstehen zunächst nicht, daß die gründliche Vorinformation vorrangig ihrem eigenen Interesse dient; sowohl aus Sicherheits- wie aus Kostengründen.

Hilfreich ist dabei unser aktuelles Merkblatt "Instruktionspflichten des Herstellers" (F#21.13.2).

5.3 Achten Sie auch auf artfremde Einsatzmöglichkeiten des Kundenprodukts.

Viele technische Produkte sind heutzutage nicht nur ausschließlich der gewerblichen Nutzung zuzuordnen. Hinzu kommt, daß immer mehr unzulänglich ausgebildete Arbeitskräfte an hochleistungsfähigen Maschinen und Geräten eingesetzt werden, die sie nicht beherrschen.

Hinweis: Hierin liegt für unseren Kunden ein hohes Risiko - oft auch durch das (weitgehend) europa-einheitliche PhG. Dieses betrifft zwar nur den privaten Verbraucherbereich, aber der ständig expandierende Heimwerkermarkt verwischt die Grenzen zwischen privater und gewerblicher Nutzung von technischen Arbeitsmitteln zu Lasten der Hersteller.

Danach haftet der Hersteller auch dann für einen Schaden, wenn er diesen nicht verschuldet hat.

Deshalb muß die lückenlose Recherche über alle (vernünftigerweise!) denkbaren Anwendungsgebiete des Kundenprodukts Ihr erklärtes Ziel sein.

Auch der "vernünftigerweise zu erwartende Fehlgebrauch" birgt für unseren Kunden erhebliche Haftungsrisiken - wenn er die Möglichkeit dieses Fehlgebrauchs unterschätzt oder gar ignoriert.

Die zu erwartende "Nischen-Nutzung" eines Produkts können Sie nur dann erahnen, wenn Sie das Produkt des Kunden so gut kennen, als wäre es Ihr eigenes.

5.4 Ein weiterer Aspekt für die lückenlose Recherche ist die Tatsache, daß der Hersteller alle

angewandten Normen (EN, DIN EN, DIN und nationalen technischen Spezifikationen, z.B. enthalten im „Verzeichnis Maschinen“ der Verwaltungsvorschriften zum GSG) zur Konformitätsbewertung benötigt.

Außerdem muß er alle angewandten Normen in seiner EG-Konformitätserklärung nennen. Anders ist eine CE-Kennzeichnung bei Maschinen nicht möglich.

5.5 Gehen Sie bei der Normen-Recherche systematisch vor. Der erste Schritt: Erstellen Sie einen Suchbaum. Die folgende Abbildung zeigt einen solchen Suchbaum zu einer Normen-Recherche für Industrieöfen.

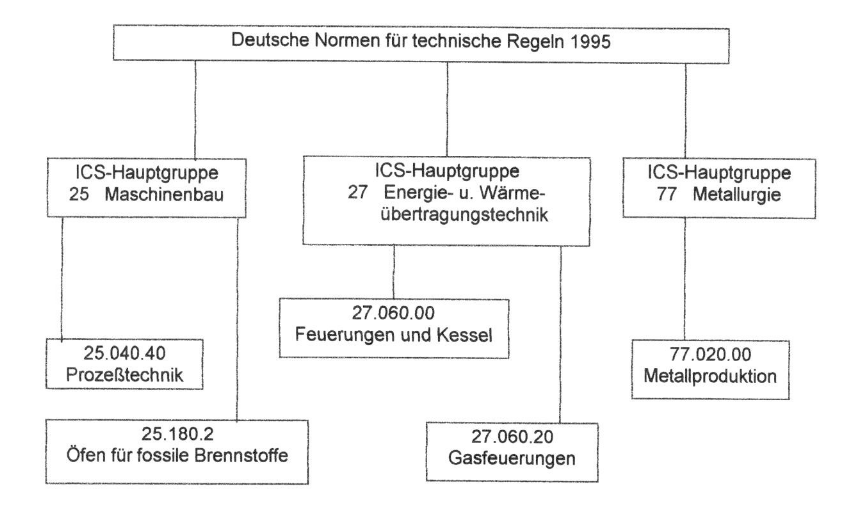

	Einfache Gefährdungsanalyse CE	Blatt von

Pos.	Bedienschritt oder Vorgang	Status R/A	Mögliche Gefährdung nach DIN EN 414	Ursache der Gefährdung nach DIN EN 1050	Mögliche Folgen der Gefährdung	R	Erkennungs-möglichkeit der Gefährdung vor Eintreten	A Auftreten	B Bedeutung	E Erkennen	Risiko-Faktor R F	Sicherheits-maßnahmen	Info von
1	2	3	4	5	6	7	8	9	10	11	12	13	14

Abb. 63: Das Formular Gefährdungsanalyse

Bildkonzept

Bilderverwaltung	"Drehbuch" für Grafiker (Aussage, Darstellung)
Lfd. Bild-Nr.	1.
Bedien-Vorgang	2.
	3.
Bild-Titel	4.
	5.

F96.03.2

Hahn & Partner Institut für Euro-Produktmarketing • 8005 Zürich • Hardturmstraße 101 • Telefon 01-444 84 84
Büro in Deutschland: D-13467 Berlin • Waldseeweg 50 • Telefon (0 30) 4 04 37 55, Telefax (0 30) 4 04 02 69

Abb. 64: Das Formular Bildkonzeption

Bewertungskriterien für Betriebsanleitungen

Positiv-Merkmal	+3	+2	+1	0	–1	–2	–3	Negativ-Merkmal
Gliederung deutlich erkennbar								Gliederung nicht erkennbar
Sind alle Fachbegriffe und Fremdwörter in einem Glossar erklärt?								viele Fachbegriffe und Fremdwörter sind nicht erklärt
Geläufige Begriffe benutzt								...
Instruktionen kurz, prägnant, griffig								...

Abb. 65: Checkliste mit gewichteten Kriterien

Normen zur Technischen Dokumentation

Die folgenden Normen sind nach Themen sortiert. Eine ausführliche und aktualisierte Liste bei der Tekom gegen Kostenbeitrag erhältlich (Anschrift siehe Seite 216).

Textbearbeitung und Dokumentation

DIN 1421		Gliederung und Benummerung von Texten, Abschnitte, Absätze, Aufzählungen
DIN 1422	Teil 1	Veröffentlichungen aus Wissenschaft, Technik, Wirtschaft und Verwaltung, Gestaltung von Manuskripten
DIN 1422	Teil3	Veröffentlichung aus Wissenschaft, Technik, Wirtschaft und Verwaltung, Typograghische Gestaltung

Lesbarkeit

DIN 1450	Schriften, Leserlichkeit (betrifft überwiegend Schriften in der Öffentlichkeit)
DIN 5008	Schreib- und Gestaltungsregeln für die Textbearbeitung
DIN 6789	Dokumentationssystematik, Dokumentensätze, technische Produktdokumentation, Änderung von Dokumentation und Gegenständen, Allgemeine Anforderungen
DIN 16511	Korrekturzeichen
ISO/DIS 10445	Information und Dokumentation – Gestaltung von Manuskripten und Computerskripten

Sicherheitsangaben/Gebrauchsanweisungen/ Betriebsanleitungen/Bedienungsanleitungen

DIN EN 292		Sicherheit von Maschinen, Grundbegriffe, Allgemeine Gestaltungsleitsätze
VDI 3620		Leitfaden für die Aufstellung einer Betriebsanleitung für Stetigförderer
DIN EN 4844		Sicherheitskennzeichnung
DIN V 8418		Benutzerinformation - Hinweise für die Erstellung
DIN 8975	Teil 3	Kälteanlagen, sicherheitstechnische Anforderungen für Gestaltung, Aufrüstung, Aufstellung und Betreiben, Angaben in Betriebsanleitungen
DIN 24403		Betriebsanleitungen für Zentrifugen; Hinweise für die Erstellung
DIN 31000/ VDE 1000		Begriffe der Sicherheitstechnik, Grundbegriffe
DIN 43602		Betätigungssinn und Anordnung von Bedienteilen
DIN EN 60204/ VDE 0113		Sicherheit von Maschinen, Elektrische Ausrüstung von Maschinen
DIN 60601		Medizinische elektrische Geräte
DIN V 66055		Gebrauchsanweisungen für verbraucherrelevante Produkte

Technische Angaben

DIN 1301	Teil 1	Einheiten, Einheitennamen, Einheitenzeichen
DIN 1305		Masse, Kraft, Wägewert, Gewichtskraft, Gewicht, Last, Begriffe
DIN 1314		Druck, Grundbegriffe, Einheiten
DIN1319	Teil 1	Grundbegriffe der Meßtechnik, allgemeine Grundbegriffe
DIN 2401	Teil 1	Innen- und außendruckbeanspruchte Bauteile, Druck- und Temperaturangaben, Begriffe, Nenndruckstufen
DIN 58122		Größen, Einheiten, Formelzeichen, Übersicht für den Unterricht

Zeichnungen, Kennzeichnungen durch Bildzeichen

DIN 5		Axonometrische Projektionen, dimetrische Projektionen, isometrische Projektionen
DIN 15		Linien, allgemeine Anwendungen
DIN 199	Teil 1	Begriffe im Zeichnungs- und Stücklistenwesen, Zeichnungen
DIN 6771	Teil 1	Schriftfelder für Zeichnungen, Pläne, Listen
DIN 6771	Teil 2	Vordrucke für technische Unterlagen, Stücklisten

DIN 6771	Teil 5	Vordrucke für technische Unterlagen, Schaltplan im Format DIN A3
DIN 6790		Wortangaben in technischen Zeichnungen, Bildzeichen
DIN 24900		Bildzeichen für Maschinenbau
DIN 25419		Ergebnisablaufanalyse, Verfahren, grafische Symbole und Auswertung
DIN 28004	Teil 1	Fließbilder verfahrenstechnischer Anlagen, FließbildartenInformationsinhalt
DIN 28004	Teil 2	Zeichnerische Ausführung
DIN 28004	Teil 3	Bildzeichen
DIN 28004	Teil 4	Kurzzeichen
DIN 28004	Teil 10	Begriffe
DIN 30600		Grafische Symbole, Registrierung, Bezeichnung
DIN 30795		Transportkette, Informationen im öffentlichen Personenverkehr, Informationen auf stationären Fahrausweisautomaten
DIN 32830	Entwurf	Gestaltungsregeln für grafische Symbole in der technischen Produktdokumentation

Abläufe

DIN 32650		Analyse-Ablaufpläne, zeichnerische Darstellung
DIN 32830	Teil 10	Grafische Symbole, Gestaltungsregeln für grafische Symbole in der technischen Produktdokumentation, ergänzende Hinweise
DIN 40700	Teil 1	Starkstrom- und Fernmeldetechnik, Schaltzeichen, Wähler Nummernschalter, Unterbrecher
DIN 40719	Teil 1	Schaltungsunterlagen, Begriffe, Einteilung
DIN 40719	Teil 2	Kennzeichnung von elektrischen Betriebsmitteln
DIN 50320	Teil 2	Verschleiß, Begriffe, Systemanalyse von Verschleißvorgängen, Gliederung des Verschleißgebietes

Kennzeichnung bei Schmierstoffen

DIN 51502		Schmierstoffe und verwandte Stoffe, Bezeichnung der Schmierstoffe und Kennzeichnung der Schmierstoffbehälter, Schmiergeräte und Schmierstellen
DIN 55003	Teil 3	Werkzeugmaschinen, Bildzeichen, numerisch gesteuerte Werkzeugmaschinen
DIN 55402	Teil 1	Markierung für den Versand von Packstücken, Bildzeichen für die Handhabungsmarkierung

Instandhaltung

Norm	Teil	Titel
DIN ISO 1219		Fluidtechnische Systeme und Geräte, Schaltzeichen
VDI 2890		Planmäßige Instandhaltung, Anleitung zur Erstellung von Wartungs- und Inspektionsplänen
VDI 3260		Funktionsdiagramme von Arbeitsmaschinen und Fertigungsanlagen
DIN 8659	Teil 1	Werkzeugmaschinen, Schmierung von Werkzeugmaschinen, Schmieranleitungen
DIN 8659	Teil 2	Werkzeugmaschinen, Schmierung von Werkzeugmaschinen, Schmierstoffauswahl für spanende Werkzeugmaschinen
DIN ISO 5170		Werkzeugmaschinen, Schmieranlagen
DIN 11042	Teil 1	Instandhaltungsbücher, Bildzeichen, Benennungen
DIN 24271	Teil 1	Zentralschmieranlagen, Begriffe, Einteilung
DIN 24271	Teil 2	Zentralschmieranlagen, Graphische Symbole für technische Zeichnungen
DIN 24271	Teil 3	Zentralschmieranlagen, Technische Größen und Einheiten
DIN 24343		Fluidtechnik- Hydraulik, Wartungs- und Inspektionsliste für hydraulische Anlagen
DIN 24346		Fluidtechnik- Hydraulik, hydraulische Anlagen, Ausführungsgrundlagen
DIN 24347		Fluidtechnik- Hydraulik, Schaltpläne

Instandhaltung

DIN 31051	Instandhaltung, Begriffe und Maßnahmen
DIN 31052	Instandhaltung, Inhalt und Aufbau von Instandhaltungsanleitungen
DIN 32541	Betreiben von Maschinen und vergleichbaren technischen Arbeitsmitteln, Begriffe für Tätigkeiten

Ersatzteilliste

DIN 24420	Teil 1	Ersatzteillisten, Allgmeines
DIN 24420	Teil 2	Ersatzteillisten, Form und Aufbau des Textteiles

Informationsverarbeitung

ISO 11442		Technische Produktdokumenttation- Rechnergestützte Handhabung von technischen Daten
ISO 11442	Teil 1	Sicherheitsanforderungen
ISO 11442	Teil 2	Orginaldokumentation
ISO 11442	Teil 3	Arbeitsschritte bei der Entwicklung von Produkten
ISO 11442	Teil 4	Datenverwaltung und Recherche
DIN V 32754		Büro und Datentechnik, Begriffe
DIN 44300		Informationsverarbeitung, Begriffe

Pogrammablauf

DIN 66001		Sinnbilder für datenfluß- und Programmablaufpläne
DIN 66201		Prozessrechnersysteme, Begriffe
DIN 66230		Informationsverarbeitung, Programmdokumentation
DIN 66230	Beibl. 1	Anwendungshandbuch
DIN 66231		Programmentwicklungsdokumentation
DIN 66232		Datendokumentation
DIN 66233		Bildschirmarbeitsplätze, Begriffe

Projektmanagement

DIN 69901	Projektmanagement, Begriffe

Abb. 66: Normen zur Technischen Dokumentation

6.3 Glossar

Hier erkläre ich Fachbegriffe und Fremdwörter.

Assoziationen
Verbinden von früheren und aktuellen Wahrnehmungen, Verknüpfen von Vorstellungen.

Baumusterprüfung (EG-)
Die EG-Baumusterprüfung ist die technische Prüfung eines Produkts durch eine → benannte Stelle. Diese prüft, ob das Produkt mit den entsprechenden EG-Richtlinien übereinstimmt. Wenn das Pro-

dukt mit diesen Anforderungen übereinstimmt, dann wird eine Baumusterprüfbescheinigung ausgestellt. Diese ist dann erforderlich, wenn bei Maschinen und Sicherheitsbauteilen nach Anhang IV der EG-Richtlinie Maschinen harmonisierte Normen nicht oder nur teilweise angewendet wurden. Dies gilt auch dann, wenn harmonisierte Normen (noch) nicht existieren.

Benannte Stelle
Früher auch: *gemeldete Stelle, notifizierte Stelle oder Zertifizierungsstelle*. Wenn bei besonders gefährlichen Maschinen (Anhang IV der EG-Richtlinie Maschinen) harmonisierte Normen nicht oder nur teilweise angewendet wurden, darf die CE-Kennzeichnung erst dann angebracht werden, wenn eine benannte Stelle ein Zertifizierungsverfahren durchgeführt hat. Diese Stellen werden von der Landesbehörde benannt, wenn die Zentralstelle der Länder für Sicherheitstechnik (ZLS) in einem Akkreditierungsverfahren die Einhaltung der Anforderungen nach DIN EN 45000 ff. festgestellt hat. Voraussetzung für deren Tätigkeit ist die Meldung durch den Mitgliedstaat bei der Europäischen Kommission.

Benutzerinformation
Oberbegriff für Gebrauchsanleitung, Bedienungsanleitung, Benutzerhandbuch, → Betriebsanleitung, Technische Anleitungen aller Art.

Benutzung
Der Hersteller ist verpflichtet, eine nicht ordnungsgemäße Benutzung (Fehlgebrauch) zu verhindern. Dazu muß er sowohl konstruktive als auch instruktive Maßnahmen ergreifen. Insbesondere muß er deutlich auf mögliche Gefährdungen hinweisen. Er muß diese Gefährdungen erläutern hinsichtlich Art, Wahrscheinlichkeit und Folgen.

Bestimmungsgemäßer Gebrauch
Verwendungsart, für die ein Produkt nach Angabe des Herstellers geeignet ist. Wenn diese Angabe fehlt, dann ist als bestimmungsgemäßer Gebrauch derjenige anzunehmen, der hinsichtlich Konstruktion und Funktion des Produkts als üblich angesehen werden kann. Diese Festlegung ist in der Betriebsanleitung erforderlich und in Vertragstexten ratsam. Dadurch kann der Hersteller solche Verwendungsarten ausschließen, für die die Maschine nicht geeignet ist.

Betreiber
Betreiber ist, wer Geräte oder Maschinen zu deren bestimmungsgemäßem Gebrauch nutzt. Dabei kommt es auf den wirtschaftlichen Aspekt der Nutzung nicht an.

Betriebsanleitung
Anleitung des Herstellers zum bestimmungsgemäßen Gebrauch eines Geräts. Mehrere EG-Richtlinien und nationale Rechtsvorschriften machen das Vorhandensein von Betriebsanleitungen zur Bedingung, damit ein Gerät oder eine Maschine in Verkehr gebracht werden darf. Bei Gebrauchtmaschinen (mit fehlender Betriebsanleitung) ist der Betreiber verpflichtet, eine Betriebsanleitung zu erstellen, bevor er diese seinen Arbeitnehmern zur Benutzung überläßt. Betriebsanleitungen können Bestandteile einer → Betriebsanweisung sein.

Betriebsanweisung
Die Betriebsanweisung ist eine interne Anweisung des Arbeitgebers an seine Arbeitnehmer. Dazu ist der Arbeitgeber durch die Unfallverhütungsvorschriften verpflichtet. Die Betriebsanweisung soll Gesundheitsrisiken und Unfälle vermeiden helfen. Sie enthält die Beschreibung von Arbeitsabläufen, Verfahrensanweisungen und Sicherheitsregeln im Rahmen des betrieblichen Ablaufs. [*21*]

Beweisvermutung
Wenn ein Hersteller versichert, er habe ein Produkt nach harmonisierten Normen gebaut, dann hat er den Vorteil der Beweisvermutung. Die Behörden sind dann verpflichtet, anzunehmen, daß der Hersteller die Anforderungen der jeweiligen EG-Richtlinien eingehalten hat. Das Inverkehrbringen eines solchen Produkts darf EU-weit nicht behindert werden.

Bevollmächtigter
Der Bevollmächtigte (im Sinne der EG-Richtlinie Maschinen) ist eine vom Hersteller bezeichnete Person oder Institution mit Sitz in der Europäischen Union. Ein Bevollmächtigter nimmt die Verpflichtungen des Herstellers wahr, wenn dieser seinen Sitz außerhalb der EU hat.

Dreistufenprinzip
Vom Hersteller anzuwendendes, abgestuftes Verfahren bei der Beseitigung von Gefährdungen (Ursprung in DIN 31000):

1. Konstruktive Maßnahmen
2. Technische Schutzmaßnahmen
3. Benutzerinformation.

Einarbeitungshinweise
Instruktionen mit besonderen didaktischen Anforderungen, sozusagen eine Erfolgskontrolle für den Anwender (wird in der EG-Richtlinie Maschinen gefordert).

FMEA
Fehlermöglichkeits- und Einflußanalyse. Standardisiertes Verfahren zum Erkennen und Dokumentieren von Fehlern und Möglichkeiten zu deren Verhinderung. [*39*]

Gefährdungsanalyse
Verfahren zum Untersuchen der Gefährdungen, die von einem technischen Arbeitsmittel ausgehen. Die Gefährdungsanalyse ist insbesondere von der EG-Richtlinie Maschinen gefordert. Die 9. GSGV[36] untersagt ohne Gefährdungsanalyse und → Lösungsbeschreibung das → Inverkehrbringen von Maschinen in der EU.

Gebrauchsanleitung
Bezeichnung der Benutzerinformation im Gerätesicherheits-Gesetz zur Verhütung von Gefährdungen durch Restrisiken.

Gebrauchtmaschinen, Inverkehrbringen
Hier greift die EG-Richtlinie 92/59/EWG über die allgemeine Produktsicherheit. Sie gilt jedoch nicht für bestimmte gebrauchte Produkte, wenn diese vor ihrer Verwendung erst instandgesetzt oder wieder aufgearbeitet werden müssen und der Käufer hierauf hingewiesen wurde.
Auch das Gerätesicherheitsgesetz (GSG) gilt nicht für technische Arbeitsmittel, die nach dem ersten Inbetriebnehmen beim Verwender erneut Dritten überlassen werden Es sei denn, daß diese aufgearbeitet oder wesentlich verändert worden sind. Eine Aufarbeitung oder wesentliche Änderung liegt z.B. vor, wenn die Änderung die Sicherheit der Maschine beeinträchtigen kann, sowie bei einer Funktionsänderung des technischen Arbeitsmittels. Außerdem, wenn die Leistungsdaten, die Fertigungsmöglichkeiten und/oder die Ausstattungsmerkmale wesentlich verändert worden sind. Die Nachrüstung mit einer CNC-Steuerung gilt als wesentliche Änderung.

GS-Zeichen
(GS = *Geprüfte Sicherheit*) Freiwillige Qualitätskennzeichnung von Industrieprodukten aus Serien-

[36] *die sogen. Maschinen-Verordnung*

fertigung. Das GS-Zeichen hat außerhalb Deutschlands keine rechtliche Bedeutung. Die gleichzeitige Kennzeichnung von Produkten mit GS und CE ist nicht zulässig. Die davon abweichende Auffassung der Deutschen Bundesregierung wird von der EU-Kommission bestritten.

Harmonisierte Normen
Das sind solche Normen, die CEN und CENELEC im Auftrag der Europäischen Kommission erarbeiten. Harmonisierte Normen werden mit Angabe der Fundstelle im EG-Amtsblatt veröffentlicht (EG Abl. ...) und bewirken erst dann die sogenannte → Beweisvermutung.

Hypothalamus
Steuert vor allem die Funktionen einiger Hormondrüsen, die das gefühlsmäßige Verhalten des Menschen mitbestimmen.

Inbetriebnehmen
Darunter ist die erstmalige Verwendung einer Maschine durch den Anwender in der EU zu verstehen. Als Zeitpunkt des Inbetriebnehmens von nicht betriebsfertigen Maschinen wird der Abschluß derjenigen Arbeitsgänge angesehen, die erforderlich sind, damit die Maschine anschließend sicher funktionieren und sicher betrieben werden kann.[37]

Inverkehrbringen
Das Inverkehrbringen ist das erstmalige entgeltliche oder unentgeltliche Zurverfügungstellen einer in der EU hergestellten oder aus einem Drittland eingeführten Maschine (oder eines Produkts), die im Gebiet der EU vertrieben und/oder verwendet werden soll. Bei Herstellung in der EU betrifft das erstmalige Inverkehrbringen ausschließlich neue Ma-

---

[37] *Protokoll des Rates der Europäischen Kommission vom 14.6.1989*

schinen, bei Importen aus Drittländern neue und gebrauchte Maschinen. Das Inverkehrbringen bezieht sich auf jede einzelne fertiggestellte Maschine, unabhängig von Herstellungszeitpunkt und -ort, gleichgültig ob Serien- oder Einzelproduktion. Siehe auch: *Zeitpunkt des Inverkehrbringens und Gebrauchtmaschinen.*

Kognitive Psychologie
Die Kognitive Psychologie befaßt sich mit der menschlichen Wahrnehmung und der Informationsverarbeitung des Menschen. Man geht davon aus, daß die Wahrnehmung weitgehend von der persönlichen Entwicklung des Menschen und seinem Vorwissen mitbestimmt wird.

Konformität
Konformität bedeutet hier die Übereinstimmung eines Produktes mit den Anforderungen der anwendbaren EG-Richtlinien.

Konformitätsbewertung (EG-)
Die Konformitätsbewertung ist das Verfahren, mit dem ein Produkt auf Übereinstimmung (Konformität) mit den Anforderungen der anwendbaren EG-Richtlinien geprüft wird. Wenn das Produkt nach der Konformitätsbewertung mit diesen Anforderungen übereinstimmt, dann kann der Hersteller die → Konformitätserklärung ausstellen. Der Hersteller ist zur Konformitätsbewertung verpflichtet.

Konformitätserklärung (EG-)
Die EG-Konformitätserklärung ist eine Bestätigung des Herstellers. Er erklärt damit rechtsverbindlich, daß sein Produkt mit den Anforderungen der anwendbaren EG-Richtlinien übereinstimmt.

Kriterium
Unterscheidendes Merkmal.

Kurzanleitung
Kurzfassung der wesentlichen Instruktionen einer Betriebsanleitung. Eine Kurzanleitung muß auch Sicherheitshinweise enthalten.

Layout
hier: Grafische und typografische Konzeption eines Druckerzeugnisses.

lernlogisch
Ein Vorgehen in der logischen Reihenfolge des Lernprozesses.

Lösungsbeschreibung
Beschreibung der bei der Gefährdungsanalyse unter Berücksichtigung der nach dem → Dreistufenprinzip ermittelten Verfahren zum Ausschließen von Produktrisiken.

Maschinen-Kennzeichnung
Typschild an der Maschine.

Motivation
Die innere Bereitschaft, etwas zu tun. Positiv eingestimmt sein.

Normen, europäische (EN)
Das sind solche Normen, die CEN und CENELEC für die Wirtschaft erarbeiten. Nationale Normen mit entgegenstehendem Sachinhalt werden zurückgezogen und durch eine neue Norm zur Umsetzung der entsprechenden europäischen Norm ersetzt.

Normen, harmonisierte
Das sind solche Normen, die CEN und CENELEC im Auftrag der Europäischen Kommission er-

arbeiten. Harmonisierte Normen werden mit Angabe der Fundstelle im EG-Amtsblatt veröffentlicht (EG Abl. ...) und bewirken erst dann die sogenannte → Beweisvermutung.

Norm-Institutionen (Auszug)
AFNOR
Association française de normalisation

BSI
British Standards Institution

CEN
Europäisches Komitee für Normung

CENELEC
Europäisches Komitee für Elektrotechnische Normung.

DIN
Deutsches Institut für Normung e.V.

IEC
Internationale Elektrotechnische Kommission.

ISO
International Standards Organisation.

Piktogramm
Bild oder Zeichen mit eindeutig festgelegter Bedeutung.

Produktbeobachtung
Eine Maßnahme, zu der der Hersteller ständig verpflichtet ist. BGH: [...] „Dabei ist die Produktbeobachtungspflicht des Herstellers nicht auf das eigene Produkt begrenzt. Er ist auch verpflichtet, Konkurrenzprodukte und notwendiges Zubehör anderer Hersteller in seine P. einzubeziehen. Dies gilt insbesondere dann, wenn andere, erfahrene(re) Hersteller

mit demselben Produkt zur Gefahrenabwendung konstruktive Maßnahmen ergriffen haben" [...][38].

Qualitätsmanagementsystem
Ein Qualitätsmanagementsystem besteht aus der Aufbau- und Ablauforganisation, die die Qualität eines Produkts sichern sollen (z.B. nach DIN EN ISO 9000 ff).

Qualitätsmerkmal
Ein Qualitätsmerkmal ist ein einzelner Faktor, der die Qualität eines Produktes mitbestimmt.

Restgefahren, Restrisiken
Gefahren, die der Hersteller bei Berücksichtigung des Standes der Technik vor dem Inverkehrbringen des Produkts nicht beseitigen konnte. In der Betriebsanleitung muß deutlich auf die Restgefahren und deren mögliche Folgen hingewiesen werden. Es entlastet den Hersteller nicht, wenn er vor Restgefahren warnt, zu deren Beseitigung er verpflichtet ist. → Dreistufenprinzip.

Situationswissen
Kenntnis bestimmter Sachzusammenhänge. Das S. wird durch das Arbeitsgedächtnis um die jeweils aktuellen Informationen erweitert.

Sympathikusnerv
Der S. kann eine augenblickliche Leistungssteigerung des Organismus bewirken. Diese kann sich sowohl in Kampfbereitschaft, Bewältigung von Streßsituationen oder auch in gesteigerter Lebensfreude äußern.

Technische Dokumentation
Es ist zu unterscheiden zwischen interner und externer Dokumentation. Die interne Dokumentati-

[38] *BGH-Urteil vom 27.9.1994, VI ZR 150/93*

on enthält alle Unterlagen von der Entwicklung und Konformitätsbewertung bis zur Produktion der Maschine. Die externe Dokumentation umfaßt vor allem die Betriebsanleitung und alle Instruktionen, die zum sicheren Betreiben eines Geräts erforderlich sind.

Technisches Arbeitsmittel
(im Sinne des Gerätesicherheits-Gesetzes) ist jedes Gerät, das dem Erzielen eines Arbeitserfolges dient und nicht völlig ungefährlich ist. Den technischen Arbeitsmitteln gleichgestellte Einrichtungen gem. §2 Abs.2 GSG sind solche, *die ähnlich gefährlich sein können.* [5]

Typografie
Anordnung der Drucktexte, Festlegung der Schriftarten und -größen, Zeilenlängen, Zeilenabstand (Durchschuß).

Verfahrensanweisung
Anweisung an weisungsgebundene Arbeitnehmer oder Mitarbeiter zum Erreichen eines bestimmten Arbeitsergebnisses innerhalb eines bestimmten Zeitrahmens. Wird vorwiegend in Qualitätsmagementsystemen und Betriebsanweisungen angewandt.

Verzeichnis Maschinen
Die EG-Richtlinie Maschinen enthält eine Besonderheit: Soweit keine harmonisierten Normen vorliegen, sollen die Mitgliedstaaten den Betroffenen die bestehenden nationalen Normen und technischen Spezifikationen zur Kenntnis geben, die für die sachgerechte Umsetzung der grundlegenden Sicherheits- und Gesundheitsanforderungen nach Anhang I als wichtig oder hilfreich erachtet werden (Art. 5, Nr. 1, Satz 2). Das Bundesministerium für Arbeit und Sozialordnung veröffentlicht dementsprechend im Bundesarbeitsblatt neben den Fundstellen der → harmonisierten Normen auch die Li-

ste dieser nationalen Normen und technischen Spezifikationen.

Visualisieren
Erläutern von Texten oder Vorgangsbeschreibungen durch Abbildungen.

Vorhersehbare ungewöhnliche Situation
Wenn der Bediener eine Sicherheitsvorrichtung an der Maschine außer Funktion setzt, weil er sich dadurch eingeschränkt fühlt, dann ist dies ein Vorgang, den der Hersteller vorhersehen muß. Deshalb muß er durch geeignete Maßnahmen verhindern, daß das Bedienpersonal die Wirksamkeit von Sicherheitsvorrichtungen außer Kraft setzt.

Werktorprinzip
Die betriebsfertige Maschine wird in dem Augenblick in Verkehr gebracht, wenn sie das Werktor passiert (betriebsfertige Maschinen).

Zeitpunkt des Inverkehrbringens
Beim Zeitpunkt des Inverkehrbringens sind zwei Aspekte zu betrachten. Wenn die Maschine versandt wird, ohne daß der Hersteller beim späteren Betreiber beim Inbetriebnehmen mitwirkt, dann gilt die Maschine mit dem Passieren des Werktors als in Verkehr gebracht. Wenn der Hersteller jedoch beim Inbetriebnehmen der Maschine mitwirkt (Montage und Inbetriebnehmen beim späteren Betreiber), dann ist die Abnahme der Zeitpunkt des → Inverkehrbringens.

Zielgruppe
Bei Betriebsanleitungen: Personenkreis, an den eine Instruktion gerichtet ist. Merkmale der Zielgruppe sind Grundwissen, Situationswissen und Erfahrungshorizont.

Zugelassene Stelle
Siehe Benannte Stelle.

Zuständige Stelle
Diese muß gemäß EG-Richtlinie 89/336/EWG über die Elektromagnetische Verträglichkeit (Art. 10, Abs. 2) die erforderlichen Berichte und Bescheinigungen ausfertigen.

6.4 Stichwortverzeichnis

6.5 Anschriften

Die folgenden Anschriften nennen Institutionen, die sich mit der Aus- und Weiterbildung von Technikautoren befassen.

Tekom
Gesellschaft für technische Kommunikation e.V.
Markelstr. 34, 70193 Stuttgart

Staatliche Institutionen

Hochschule der Künste Berlin
Postfach 12 67 20
10595 Berlin

Technische Universität Berlin
Ernst-Reuter-Platz 7
10587 Berlin

Fachhochschule Bielefeld
Fachbereich Design
Lampingstr. 3
33615 Bielefeld

Hochschule für Bildende Künste
Braunschweig
Postfach 25 38
38015 Braunschweig

Fachhochschule Hamburg
Winterhuder Weg 29
22085 Hamburg

Hamburger Akademie für
Kommunikationsdesign und
Art Direction
Spaldingstr. 218
20097 Hamburg

Fachhochschule Hannover
Studiengang Technische
Dokumentation
Herrenhäuser Str. 8
30419 Hannover

Staatliche Hochschule für
Gestaltung Karlsruhe
Durmersheimer Str. 55
76185 Karlsruhe

Universität-Gesamthochschule Kassel
Menzelstr. 13
34109 Kassel

Fachhochschule Köln
Betzdorfer Str. 2
50679 Köln

Universität Leipzig
Wissenschaftl. Fakultät
Marschner Str. 31
04109 Leipzig

Fachhochschule Rheinland-Pfalz
Weißliliengasse 1–3
55116 Mainz

Fachhochschule München
Lothstr. 34
80335 München

Fachhochschule Münster
Visuelle Kommunikation
Sendmaringer Weg 53
48151 Münster

Hochschule für Gestaltung
Offenbach
Schloßstr. 31
63065 Offenbach a. Main
Fachhochschule für Gestaltung
Schwäbisch Gmünd
Rektor-Klaus-Str. 100
73525 Schwäbisch Gmünd

Institut für Konstruktion
der Universität - Gesamtschule Siegen
Adolf-Reichwein-Str.
57068 Siegen

Fachhochschule Stuttgart
Hochschule für Druck
Nobelstr. 10
70569 Stuttgart

Fachhochschule Wiesbaden
Fachbereich Maschinenbau
Am Brückweg 26
65428 Rüsselsheim

Bergische Universität
Gesamthochschule Wuppertal
Gaußstr. 20
42097 Wuppertal

Fachhochschule Furtwangen
Fachbereich Dokumentation und Design
Gerwigstr. 11
78120 Furtwangen

Private Institutionen

Deutsche Angestellten-Akademie
(DAA)
Ahstr. 22
45879 Gelsenkirchen

CDI - Deutsche Private Akademie für
Wirtschaft GmbH
Frankenstr. 12
20097 Hamburg

Gesellschaft für
Information und Publizistik
Salierring 12
50677 Köln

Siemens Nixdorf Training Center
Informationstechnologie Multimedia
Otto-Hahn-Ring 6
81730 München

Fernstudium

Axel Andersson Akademie GmbH
Neumann-Reichardt-Straße 27–33
22041 Hamburg

6.6 Literatur-Verzeichnis

6.6.1 Zitierte Literatur

Das Verzeichnis der *zitierten Literatur* wiederholt die Verweis-Nummer, die an der jeweiligen Textstelle in [*Klammer*] eingefügt ist. Dann folgt der Name des Verfassers oder Herausgebers, das Erscheinungsjahr, der Titel und der Name des Verlags. Wenn es möglich war, habe ich auch die ISBN-Nummer hinzugefügt, um Ihnen das Bestellen des Buches zu erleichtern.
* Die so gekennzeichneten Vermerke enthalten meine persönliche Einschätzung der jeweiligen Titel.

1 Hahn, H.P. (1996). Handbuch Technische Dokumentation. ISBN 3-931935-07-8. Oranien Verlag GmbH, Potsdam.
*erscheint Dez. 1996

2 Weidmann, F. & Zins, R. (1974). Physik für Realschulen. C.C. Buchners Verlag, Bamberg.

3 Orear, Jay (1991). Physik, Band 2. ISBN 3-446-17976-3.Carl Hanser Verlag, München.

4 Sattler, E. (1995). Produkthaftung und Risikominderung. ISBN 3-446-15978-9.Carl Hanser Verlag, München.
*Eine gut gemachte Abhandlung über ein wichtiges Thema. Auch für Nichtjuristen leicht verständlich.

5 Peine, F.-J. (1995). Gesetz über technische Arbeitsmittel (Kommentar). ISBN 3-452-23024-4. Carl Heymanns Verlag, Köln.

6 Gardner, H. (1989). Dem Denken auf der Spur: der Weg der Kognitionswissenschaft. ISBN 3-608-93099-X. Klett-Cotta, Stuttgart.
*Eine klare und verständliche Darstellung über das Werden der Kognitionswissenschaft. Spannende Abhandlung. Für Leser mit Vorwissen.

7 Vester, F. (1985). Denken, Lernen, Vergessen. ISBN 3-423-01327-3. Deutscher Taschenbuch Verlag, München.

8 Miller, G.A. (1956). The magical number seven, plus or minus two: Some limits on our capacity for processing information. *Psychological Review*, 63, 81-97.

9 Schönpflug, W. & Schönpflug, U. (1995). Psychologie. ISBN 3-621-27270-4. BELTZ Psychologie Verlags Union, Weinheim.
*Ein umfassendes Lehrbuch über die Allgemeine Psychologie und ihre Verzweigungen. Setzt Kenntnisse voraus.

10 Sperling, G. (1960). The information available in brief visual presentations. *Psychological Monographs*, 74, Nr. 498.

11 Baddely, A. (1986). Working memory. Oxford University Press.

12 Baddely, A. (1992). Is working memory working? The fifteenth Bartlett lecture. *The Quarterly Journal of Experimental Psychology*, 44A, 1-31.

13 Rickheit G. & Strohner, H. (1993). Grundlagen der kognitiven Sprachverarbeitung. Francke Verlag, Tübingen. ISBN 3-7720-2220-0.
*Eine gute Einführung in die Grundlagen der kognitiven Sprachverarbeitung. Setzt Kenntnisse voraus.

14 Ebbinghaus, H. (1971, Original 1885). Über das Gedächtnis. Untersuchungen zur experimentellen Psychologie. Wissenschaftliche Buchgesellschaft, Darmstadt.

15 Hahn, H.P. (1996). CE-Kennzeichnung leichtgemacht, 2. Auflage. ISBN 3-446-17985-2. Carl Hanser Verlag, München.

16 Hahn, H.P. (1996). CE-Kennzeichnung für Maschinen. ISBN 3-410-13293-7. BEUTH VERLAG, Berlin.

17 Internationale Normenklassifikation ICS. (1995). Beuth Verlag, Berlin. Bestell-Nr. 13532.

18 Hahn, H.P. (1996). EG-Leitfaden No 6 – Die Arbeitsmittel-Benutzungs-Richtlinie, Teil 1.

ISBN 3-931935-10-8. Oranienverlag GmbH, Potsdam

19 Hahn, H.P. (1996). EG-Leitfaden No 7 – Die Arbeitsmittel-Benutzungs-Richtlinie, Teil 2. ISBN 3-931935-11-6. Oranienverlag GmbH, Potsdam

20 Loseblattwerk (1994): Technische Dokumentation optimieren – professionelle Arbeitshilfen und Musterlösungen. ISBN 3-3183-0302-9. Dr. Josef Raabe Verlags-GmbH, 70034 Stuttgart.
*Ein vielseitiges Loseblattwerk, das tatsächlich auf den Punkt kommt.

21 Broschüre ZH 1/172. (1995). Sicherheit durch Betriebsanweisungen. Carl Heymann-Verlag KG, Köln

22 Pichler, W.W. (1995). Die Qualitätsanleitung. Ingenieurbüro Pichler, 12163 Berlin, Forststr. 23
*Ein Leitfaden für Qualitätsfanatiker mit Checklisten zur Qualitätsaufzeichnung nach DIN EN ISO 9001 ff.

23 Siemoneit, M. (1989). Typografisches Gestalten, 4. Auflage. ISBN 3-87641-253-6. Polygraph Verlag Frankfurt/M.

24 Andermatt, K.A. (1995). Die Gefährdungsanalyse gemäß EG-Richtlinie Maschinen (Software). ISBN 3-931935-09-4. Oranien Verlag GmbH, Potsdam.

Das Programm arbeitet komfortabel und zuverlässig. Es ist mit Sorgfalt und Sachkompetenz erstellt So werten Sie eine Gefährdungsanalyse in wenigen Minuten aus. Nicht nur für Maschinen.

25 Hahn, H.P. (1995). CE-Leitfaden No 3 – CE-Tools, Die Formulare zur CE-Kennzeichnung, 2. Auflage. ISBN 3-931935-02-7. Oranienverlag GmbH, Potsdam.

26 VBG-Vorschriften, HVBG Hauptverband der gewerblichen Berufsgenossenschaften. Carl Heymann-Verlag KG, Köln

27 Brown, R. & Herrnstein, R.J. (1984). Grundriß der Psychologie. ISBN 3-540-13058-6. Spinger-Verlag, Berlin.

28 Erdely, M.W. & Becker, J. (1974). Hyperamnesia for pictures. Cognit Psych. 6:159-171

29 Angermeier, W.F. (1984). Lernpsychologie. ISBN 3-497-01069-3. Verlag Ernst Reinhardt, München.

30 Wehrle-Eggers. (1961). Deutscher Wortschatz. Ein Wegweiser zum treffenden Ausdruck. ISBN 3-12-908610-2. Ernst Klett Verlag, Stuttgart.
*Ein Buch, das zur Standardausrüstung eines Technikautors gehört.

31 Bock, G. (1993). Ansätze zur Verbesserung von Technikdokumentation. ISBN 3-631-45937-8. Peter Lang Frankfurt/M.

32 Hennig, D. & Hasbargen T. (1996). Technische Dokumentation maßgeschneidert; in: tekomNachrichten 1/2-96. Verlag Schmidt Römhild, 23552 Lübeck.

33 Lutz, H. (1996). Übersetzungs-Software für jedermann; in: tekomNachrichten 1/2-96. Verlag Schmidt Römhild, 23552 Lübeck.

34 Guaspari, J. (1989). Ich weiß es, wenn ich's sehe. ISBN 3-923281-25-0. Königsteiner Wirtschaftsverlag, Königstein.
*Eine unterhaltsame Geschichte für Qualitäts-Einsteiger. Das hat was!

35 Murphy, J.A. (1994). Dienstleistungsqualität in der Praxis. ISBN 3-446-17662-4. Carl Hanser Verlag, München.
*Hält was der Titel verspricht. Mir hat nur die These nicht gefallen, daß es schwierig sei, Instruktionen für komplizierte Aufgaben einfach zu beschreiben.

36 Literaturverwaltung. (1995). Hanser Software. ISBN 3-446-18188-1. Carl Hanser Verlag,, München.
*Reicht für kleinere Literaturbestände aus und funktioniert prima. Auch Normen lassen sich damit verwalten, wenn Sie nicht zuviele Stichworte suchen. Das Einlesen bereits bestehender Dateien ist nicht möglich.

37 Gabriel, C.-H. (1996). Rechtsverbindlichkeit elektronischer Produktdokumentation; in: tekomNachrichten 1/2-96. Verlag Schmidt Römhild, 23552 Lübeck

38 Massimi, P. & Van Gheluwe, J.P. (1993). Die Rechtsvorschriften der Gemeinschaft für Maschinen. Hrsg.: Kommission der Europ: Gemeinschaften.

39 Franke, W. (1989). FMEA, Fehlermöglichkeits- und Einflußanalyse in der industriellen Praxis. Verlag moderne industrie, 86899 Landsberg.

6.6.2 Weitere Literatur

Literatur zur Technischen Dokumentation

Ballstaedt, S.-P./Molitor, S. u. Mandl, H., Wissen aus Text und Bild, Forschungsbericht Nr. 40 des Deutschen, Institut für Fernstudien an der Universität Tübingen (1987),. Tübingen.

Bauer, Carl-Otto/Hinsch, Christian, Produkthaftung - Herausforderung an Manager und Ingenieure (1994). ISBN 3-540-55519-6, Springer, Berlin, Heidelberg.

Beimel, Matthias/Maier, Lothar, Optimierung von Gebrauchsanleitungen (1988). ISBN 3-88314-512-2, Hrsg. von der Bundesanstalt für Arbeitsschutz, Dortmund. Wirtschaftsverlag, Bremerhaven.

Berghaus, H. u. Langner, D., „Das CE-Zeichen" Richtlinientexte – Fundstellen der harmonisierte Normen – Zertifizierungsverfahren – Prüfstellen (Loseblattwerk ab 1994). ISBN 3-446-17671-3, Hanser, München.

Birkenbihl, Vera F., Kommunikation für Könner schnell trainiert. Die hohe Kunst der professionellen Kommunikationstechniken (1988). ISBN 3-478-07350-2, mvg, München, Landsberg/Lech.

Bock, Gabriele, Ansätze zur Verbesserung von Technikdokumentation, Eine Analyse von Hilfsmitteln für Technikautoren in der Bundesrepublik Deutschland. Technical Writing Band 1 (1993). ISBN 3-631-45937-8. Peter Lang, Frankfurt/M.

Bodenschatz, W./Fichna, G. u. Voth, D, Produkthaftung, Rechtsgrundlagen in der BRD und in den USA, Betriebliche Maßnahmen, Produkthaftungspflicht-Versicherung, (4. Aufl. 1990). ISBN 3-8163-0231-9, Hrsg.: VDMA, Maschinenbauverlag, Frankfurt/Main.

Der EG-Binnenmarkt, Was ist wichtig für die Industrie? Technische Vorschriften, Normen, Prüfungs- und Zulassungsverfahren (2. überarb. und aktualisierte Aufl. 1992). ISBN 3-926984-43-0. Rationalisierungs-Kuratorium der Deutschen Wirtschaft e.V., Eschborn.

Forkel, Wiesbaden, Langer, I./Schulz von Thun, F. und Tausch, Reinhard, Sich verständlich ausdrücken (4. neugestaltete Aufl. 1990). ISBN 3-497-01199-1., Reinhardt, München.

Hajos, Anton, Einführung in die Wahrnehmungspsychologie (1980). Wissenschaftliche Buchgesellschaft, Darmstadt.

Haller, Michael, Das Interview (1991). ISBN 3-88295-085-4. Ölschläger, München.

Haller, Michael, Recherchieren (1991). ISBN 3-88295-137-0, Ein Handbuch für Journalisten. Ölschläger, München.

Hampl, Rainer K./Steinberger, C, Sicherheitsgerechte Betriebsanleitungen, Auswirkungen verschärfter Produkthaftung und der EG-Richtlinie Maschinen (1991). ISBN 3-8163-0249-1, Hrsg. : VDMA, Maschinenbauverlag, Frankfurt/M.

Henzler, R.G., Information und Dokumentation, Sammeln, Speichern und Wiedergewinnen von Fachinformationen in Datenbanken (1992)., Springer, Berlin.

Hess, H.-J. u. a., Gebrauchs- und Betriebsanleitungen sicher erstellt und gestaltet (1993). ISBN 3-906710-01-7, Lifa, Küsnacht.

Hoffmann, W./Hölscher, Brigitte G., Erfolgreich beschreiben – Praxis des Technischen Redakteurs, Organisation, Textgestaltung und Redaktion, (2. überarbeitete und erweiterte Auflage, 1994). ISBN 3-927738-02-6, Publicis MCD, München u. KDE, Berlin.

Hofmann/Simon, Problemlösung Hypertext, Grundlagen – Entwicklung – Anwendung (1995). ISBN 3-446-17813-9, Hanser, München.

Hörmann, Hans, Psycholinguistik (1987)., Wissenschaftliche Buchgesellschaft, Darmstadt.

Kösler, Bertram, Gebrauchsanleitungen richtig und sicher gestalten. Forschungsergebnisse für die Gestaltung von Gebrauchsanleitungen (1990). ISBN 3-7719-6437-7

Lehner, F., Software-Dokumentation und Messung der Dokumentationsqualität (1994). ISBN 3-446-17657-8, Hanser, München.

Pinz, A., Bildverstehen (1994). Springer, Wien.

Pogarell, Rainer, Linguistik im Industriebetrieb (1988). Eine annotierte Auswahl-Bibliographie, Alano, Aachen.

Pötter, Godehardt, Die Anleitung zur Anleitung (1994): ISBN 3-924007-64-0, Vogel, Würzburg.

Reichert, Günther W., Kompendium für Technische Dokumentationen. Anwendungssicher mit Didaktisch-Typografischem Visualisieren (1991). Konradin, Leinfelden-Echterdingen.

Reiners, Ludwig, Stilkunst Ein Lehrbuch deutscher Prosa (1980). Beck, München.

Rupietta, Walter, Benutzerdokumentation für Softwareprodukte. Angewandte Informatik Bd. 3 (1987), ISBN 3-411-03301-0, BI Wissenschaft, Mannheim.

Schneider, Wolf, Deutsch für Kenner, Die neue Stilkunst, Stern-Buch (5. Aufl. 1991). ISBN 3-570-07958-9, Gruner und Jahr, Hamburg.

Schulz, Matthias, Betriebsanleitungen nach EG-Richtlinien erstellen (1994). Schulz, Aalen.

Schwender, Clemens, „Früher haben wir die Anleitungen nebenbei gemacht...“, Ansätze zu einer Oral History der Technischen Dokumentation., Technical Writing 2 (1993). ISBN 3-631-46527-0, Peter Lang, Frankfurt/M.

Seeger, Otto W., Betriebsanleitungen, Betriebsanweisungen, Instrumente der Gesundheitsvorsorge, der Arbeitssicherheit und des Umweltschutzes, (3. geänderte Auflage 1991). ISBN 3-88575-049-X, Arbeitgeberverband der Metallindustrie, Köln.

Streib, D. & Riemer, F., Technische Dokumentation. Ein Leitfaden für den Technischen Redakteur (2. überarbeitete Auflage 1992). ISBN 3-930055-02-3. Schulz, Aalen.

Sucharewicz, Leo, Sprache in der Elektronikwirtschaft, Mit Beiträgen von Rudolph Paulus Gorbach, Othmar Karschulin, Herbert Lechner, Alfred Günther Neumann, Ulrich Porwollik, Marita Tjarks-Sobhani (1990). electronic promotion, München.

tekom-Ges. f. techn. Dokumentation, Technische Dokumente beurteilen, tekom – Richtlinie (1993), tekom, Stuttgart.

VDI-Gesellschaft, Entwicklung, Konstruktion, Vertrieb, Professionelle Benutzerinformation. Das Qualitätsmerkmal für Kundenorientierung. VDI-Berichte 114 (1994). VDI, Düsseldorf.

Weiß, C., Vier Ohren hören mehr als zwei. Eine Orientierungshilfe im Irrgarten der Kommunikation. Das Kommunikationsmodell von Friedemann Schulz von Thun (1995). IFB, Paderborn.

Zieten, W., Gebrauchs- und Betriebsanleitungen direkt, wirksam, einfach und einleuchtend, (1990). ISBN 3-478-22330-X Moderne Industrie, Landsberg/L.

Literatur zu Normung und CE-Verfahren

1. Die Rechtsvorschriften der Gemeinschaft für Maschinen. Erläuterungen zur Maschinenrichtlinie. Herausgeber: Kommission der Europäischen Gemeinschaften, Lieferung durch Bundesanzeiger Verlag, Postfach 10 80 06, 50445 Köln.
2. CEN-Sicherheitsnormen für Maschinen. Lieferung durch Normenausschuß Maschinenbau, Postfach 71 08 64, Frankfurt/Main.
3. Anzeiger für technische Regeln, enthalten in DIN-Mitteilungen.
4. DIN-Katalog für technische Regeln.
5. Europäisches Recht der Technik; EG-Richtlinien, Bekanntmachungen, Normen, Loseblattsammlung.
6. PERINORM, Normen und Technische Regeln auf CD-ROM.

   Bezugsquelle für 4, 5, 6, 7 und alle DIN-Mitteilungen: Beuth Verlag, Burggrafenstr. 6, 1 07 87 Berlin.
7. Schmatz/Nöthlichs: „Kommentar zum Gerätesicherheitsgesetz“, Loseblattwerk. Lieferung durch: Erich Schmid Verlag GmbH, Postfach 10 24 51, 33524 Bielefeld.
8. „Produkt- und Produzentenhaftung“, Loseblattwerk. Lieferung durch: Rudolf Haufe Verlag, Postfach 7 40, 79007 Freiburg.
9. Liste der im Geltungsbereich des GSG von den EG-Mitgliedsstaaten notifizierten Zertifizierungsstellen, Lieferung durch Bundesanstalt für Arbeitsschutz, Postfach 17 02 02, 44061 Dortmund.
10. Hahn, H.P.: „CE-Leitfaden No 5 – Elektromagnetische Verträglichkeit“, 2. Auflage November 1995, ISBN 3-931935-04-3, Oranienverlag GmbH, 14467 Potsdam.
11. Glaap, Winfried : „ISO 9000 leichtgemacht“, ISBN 3-446-17634-9 Carl Hanser Verlag, München.
12. Johannknecht/Pinter:„Sicherer Umgang mit Gebrauchtmaschinen“ Die BG 6/94, Lieferung durch: Erich Schmidt Verlag, Postfach 30 42 40, 10724 Berlin.
13. Bauer, Carl-Otto: „Eine Alternative zu Zertifikaten – Konformitätserklärung nach DIN 66066-3“ in DIN-Mitteilungen 74. 1995, Nr.2.
14. „BIA-Handbuch, Sicherheitstechnische Informations- und Arbeitsblätter für die betriebliche Praxis“, Lieferung durch:

Erich Schmid Verlag GmbH, Postfach 10 24 51, 33524 Bielefeld.

15. „EG-Maschinenrichtlinie Gerätesicherheitsgesetz“, Hrsg.: VDMA, Lieferung durch: Maschinenbau Verlag GmbH, Postfach 71 08 64, 60498 Frankfurt/M.
16. DIN-Mitteilungen 70. 1991, Nr. 1: Zertifizierung von Produkten und Qualitatssicherungs-Systemen im Hinblick auf den Europäischen Markt.
17. DIN-Mitteilungen 70. 1991, Nr. 4: Normung und Zertifizierung nach 1992. Europäische Aktivitäten auf dem Gebiet der Zertifizierung, Die Grundlagen der Europäischen Zertifizierungspolitik, Europa 1992 – Auswirkungen auf die internationale Normung.
18. DIN-Mitteilungen 70. 1991, Nr. 6: Eine Strategie zur Entwicklung Internationaler Normen zu Qualitätsmanagement und Qualitätssicherung für die '90er Jahre (Vision 2000).
19. DIN-Mitteilungen 71. 1992, Nr. 1: Produktdokumentation-Voraussetzung für die Qualitätssicherung Marktzugang durch Nachweis der Normenkonformität. Normung und Zertifizierung im EG-Binnenmarkt 1993. Stand der Diskussion um das CE-Zeichen.
20. DIN-Mitteilungen 72. 1993, Nr. 5: Umsetzung der EG-Maschinenrichtlinie und der Europäischen Sicherheitsnormen in die betriebliche Praxis.
21. DlN-Mitteilungen 72. 1993, Nr. 12: Eine Beurteilung der Politik der Europäischen Gemeinschaft zur Beseitigung der technischen Handelshemmnisse.

6.7 Quellenverzeichnis der Abbildungen

Mit einem Dankeschön an alle, die mir durch ihre freundliche Unterstützung geholfen haben, dieses Buch praxisbezogen zu gestalten.

Abb. 1, 2, 29, 35, 63:
Oranien Verlag GmbH & AutorenAgentur, Posthofstr. 9, 14467 Potsdam

Abb. 7:
Prof. Dr. Wolfgang Schönpflug, Institut für Allgemeine Psychologie der Freien Universität Berlin, Habelschwerdter Allee 45, 1 41 95 Berlin

Abb. 20, 21:
Kramer Werke GmbH, Nußdorfer Str. 50, 88662 Überlingen

Abb. 22:
Robert Bosch GmbH, GB Industrieausrüstung, Franz-Oechsle-Str. 4, 73207 Plochingen

Abb. 23:
H&P Labortechnik GmbH, Bruckmannring 28, 85764 München

Abb. 26, 27:
Dr. Josef Raabe Verlags-GmbH, Postfach 10 39 22, 70034 Stuttgart

Abb. 11, 19, 28, 31, 46:
Klaus Hohle, Dipl-Designer, Horstweg 24, 14059 Berlin

Abb. 31:
akf Kühlmöbelbau GmbH & Co. KG, Zusamstr. 24, 86165 Augsburg

Abb. 33:
P. Gutenberger, c/o ERO GmbH, 55469 Niederkumbd

Abb. 34:
Erik Liebermann, Cartoons, Am Reintal 5, 82418 Murnau

Abb. 36, 37:
Carl Heymann-Verlag KG, Luxemburger Str. 449, 50939 Köln

Abb. 41:
LAV Landmaschinen- und Ackerschlepper-Vereinigung im VDMA, Lyoner Str. 18, 60528 Frankfurt

Abb. 44, 45:
Zinser Textilmaschinen GmbH, Hans-Zinser-Straße, 73061 Ebersbach

Abb. 48, 49:
MTU Motoren- und Turbinen-Union, Olgastr.75, 88045 Friedrichshafen

Abb. 52:
Werner Koch, Cartoons + Grafik, Breitscheidstr. 68, 90459 Nürnberg

Abb. 54:
TimeSystem GmbH, Postfach 540206, 22502 Hamburg

Abb. 66:
Carl-Heinz Gabriel, Ulzburger Landstr. 97, 25451 Quickborn

An:
Carl Hanser Verlag
Fax: 0 89/98 12 64
Postfach 86 04 20

81631 München

Von:

Bitte Anschrift, Telefon und Fax angeben. Danke

Betr. H. P. Hahn: Technische Dokumentation leichtgemacht

Zu diesem Buch habe ich folgende Fragen:

Zu diesem Buch habe ich folgende Anregungen:

Datum, Unterschrift